李毓佩数学故事

彩图版 冒险系列

酷酷猴历险记

李毓佩 著

長江出版傳媒 长江少年儿童出版社

鄂新登字 04 号

图书在版编目（C I P）数据

彩图版李毓佩数学故事. 冒险系列. 酷酷猴历险记 / 李毓佩著.
—武汉：长江少年儿童出版社，2018.10
ISBN 978-7-5560-8737-2

Ⅰ. ①彩…　Ⅱ. ①李…　Ⅲ. ①数学—青少年读物　Ⅳ. ①O1-49

中国版本图书馆 CIP 数据核字（2018）第 164825 号

酷酷猴历险记

出 品 人：何龙
出版发行：长江少年儿童出版社
业务电话：（027）87679174　（027）87679195
网　　址：http://www.cjcpg.com
电子邮箱：cjcpg_cp@163.com
承 印 厂：中印南方印刷有限公司
经　　销：新华书店湖北发行所
印　　张：6
印　　次：2018 年 10 月第 1 版，2023 年 11 月第 6 次印刷
印　　数：42001－45000 册
规　　格：880 毫米 × 1230 毫米
开　　本：32 开
书　　号：ISBN 978-7-5560-8737-2
定　　价：25.00 元

人物介绍

1 酷酷猴

智勇双全的小猕猴。因穿着酷、解题酷，被大家称作“酷酷猴”。在本书里，他和新伙伴花花兔一起勇闯非洲，智斗黑猩猩，还帮助狮王梅森解决了大危机。

2 花花兔

说她胆小，她又不怕危险，主动跟着酷酷猴去非洲；说她胆大，她看见狮和豹等猛兽也会害怕。读完本书，你来判断她到底是胆大还是胆小吧。

3

黑猩猩金刚

在一次搏斗中战胜了老头领铁塔，成了黑猩猩的新头领。他对酷酷猴的聪明很不服气，与酷酷猴进行了三轮挑战，最后的胜者是谁呢？

4

狮王梅森

狮王，听起来好威风！可梅森最近陷入了烦恼：他遭到独眼狮王的挑衅，不仅面临丧失领地的危险，生命也危在旦夕……

目录

CONTENTS

非洲历险

黑猩猩来信…………… 001
山中的鬼怪…………… 007
黑猩猩的游戏………… 013
坚果宴会……………… 018
挑战头领……………… 023
双跳叠罗汉…………… 027
寻找长颈鹿…………… 032
宴会上的考验………… 037
我的鼻子在哪儿……… 041
遭遇鬣狗……………… 046
群鼠攻击……………… 051
毒蛇挡道……………… 055

狮王梅森

雄狮争地……………… 062
追逐比赛……………… 069
智斗公牛……………… 074
狮王战败……………… 079
训练幼狮……………… 083
送来的礼物…………… 088
独眼雄狮有请………… 093
变幻莫测……………… 099
寻求援兵……………… 105
立体战争……………… 111
激战开始……………… 115
最后决斗……………… 120

寻找大怪物

神秘的来信…………… 127

要喝兔子粥…………… 133

长尾鳄鱼…………… 137

鳄鱼搬蛋…………… 141

破解数阵…………… 145

守塔老乌龟…………… 149

金字塔与圆周率……… 153

老猫的功劳…………… 160

母狼的烦恼…………… 164

蒙面怪物…………… 169

看谁最聪明…………… 174

露出真面目…………… 178

答　案…………… 184

数学知识对照表……… 185

非洲历险

黑猩猩来信

花花兔是一只活泼可爱的小白兔。因为她特别爱穿花衣服，头上还爱插几朵小花，所以大家都叫她花花兔。

一天早上，花花兔拿了一封信匆匆跑来。

花花兔一边跑，一边喊着："酷酷猴，酷酷猴，有人从非洲给你来了一封信。"

酷酷猴何许人也？酷酷猴是一只小猕猴，这只小猕猴可不得了，聪明过人，身手敏捷。酷酷猴有两酷：他穿着入时，这是第一酷；他数学特别好，解题思路独特，计算速度奇快，这是第二酷。同伴就把他叫作酷酷猴。

酷酷猴听了，一愣："谁从非洲给我来信了？"

酷酷猴打开信，看到上面写着：

尊敬的酷酷猴先生：

你好！远在非洲的我们向你致意。听说你聪明过人，数学特别好。可是我们黑猩猩是人类承认的最聪明的动物，我们特别邀请你来非洲，和我们比试看谁最聪明！你敢来吗？

黑猩猩

花花兔疑惑地问："非洲离咱们有多远哪？你去吗？"

酷酷猴点点头说："人家热情邀请，哪有不去之理？"

花花兔竖起耳朵，拉着酷酷猴的手，撒娇地说："听人家说，非洲特别好玩儿，让我和你一起去吧！"

酷酷猴问："你不怕危险？"

花花兔坚定地说："不怕！"

"你可别后悔，咱们现在就出发！"酷酷猴一挥手，和花花兔就上了路。

花花兔摇动着一双大耳朵，问："怎么？咱俩就这样走到非洲去？"

"当然不是。"酷酷猴推出一辆漂亮的太阳能风动车，"咱俩乘这辆车去。"

花花兔围着这辆风动车转了一个圈儿。车子很漂亮，外形很像一辆跑车，不同的是车身上贴满了太阳能电池板，车的后面竖起了一个大大的风帆。

花花兔充满疑惑地问："就这么一辆车，能跑到非洲吗？"

酷酷猴说："这辆车汇集了当代最高水平的科技，肯定能跑到非洲！"

两人坐上太阳能风动车，车简直飞一样地跑了起来。车上有自动导航仪，酷酷猴根本就不用担心方向，不到一天的工夫，他们就来到了非洲。

酷酷猴高兴地说："我们来到非洲了！"

花花兔抹了一把头上的汗："好热啊！"

一头大象向他们俩走来。酷酷猴先向大象鞠躬，然后向大象打听："请问，黑猩猩住在哪儿？"

大象上下打量了一下他们俩，说："看你们俩的样子，是远道而来的。你们俩坐到我的背上，我送你们去。"

酷酷猴把风动车安置在一个安全的地方，然后和花花兔飞快地爬到大象的背上，一路欣赏着非洲大草原的美景。

花花兔高兴地说："看，前面是一群斑马！"

酷酷猴也兴奋不已："瞧，那儿还有几头犀牛！"

大象停在一片树林前，说："黑猩猩常到这儿来玩儿，你们就在这里找他吧！"

酷酷猴跳了下来，说："谢谢大象！"

突然，三只小狒狒从树林里钻出来，冲着花花兔“呼！呼”地叫，把花花兔吓了一跳。

花花兔大声地叫道：“这是什么怪东西？吓死人啦！”

酷酷猴也不认识，就很客气地问小狒狒：“请问，你们是什么动物？”

小狒狒笑得前仰后合：“嘻嘻！你们连大名鼎鼎的狒狒都不认识？”

酷酷猴又问：“这片树林里有黑猩猩吗？”

一只高个儿的小狒狒抢着说：“这里至少有 1000 只黑猩猩。”

另一只矮个儿的小狒狒说：“这里的黑猩猩不到 1000 只。”

一只胖狒狒慢吞吞地说：“这里至少有一只黑猩猩。”

花花兔揪了揪自己的耳朵：“你们究竟谁说得对呀？”

一只大狒狒从树上跳下来，指着三只小狒狒说：“他们三个说的只有一句是对的。”

听了这话，酷酷猴拉起花花兔就走，边走边说：“咱俩走吧！这里连一只黑猩猩也没有。”

花花兔奇怪地问：“哎，你怎么知道这里连一只黑猩猩也没有？”

酷酷猴分析说：“由于三只小狒狒说的只有一句是真

的，所以只有三种可能，就是‘对、错、错’‘错、对、错’‘错、错、对’。”酷酷猴接着说：“第一种情况不可能。因为如果‘至少有1000只黑猩猩’是对的，那么胖狒狒说的‘至少有一只黑猩猩’也应该是对的，可是大狒狒说‘他们三个说的只有一句是对的’。这里出现了两句都对的情况，所以第一种情况不成立。”

花花兔点点头：“分析得对！”

酷酷猴又说：“第三种情况也不可能。因为‘至少有1000只黑猩猩’与‘黑猩猩不到1000只’这两句话中至少有一句是对的，不可能都错。而第三种情况中要求高个儿小狒狒和矮个儿小狒狒说的都是假话，这不可能。”

花花兔说：“是这么个理儿！”

酷酷猴肯定地说："只有第二种情况，即'黑猩猩不到1000只'是对的，而且'至少有一只黑猩猩'必须是错的。你想，'至少有一只黑猩猩'是错的，只能是一只也没有。"

大狒狒竖起大拇指，说："酷酷猴果然聪明！看来黑猩猩遇到真正的对手了。"

知识点解析

合理推理

故事中三只狒狒的说法，只有一个是对的，酷酷猴通过推理排除了不可能的情况。在问题解决过程中，我们需要针对具体情况，不断给予自己启发性的提示，通过利用限制性条件来"甄别"的方法寻找合理性。我们常常采用画图连线的方式，通过简单的排除法找到突破口来解决这类问题。

考考你

六年级(1)班有6位同学参加班级趣味数学竞赛，分成3组，每组2人，每场比赛每组只能派一名同学参加。第一场比赛的是小王、小明、小红；第二场比赛的是小明、小张、小李；第三场比赛的是小王、小李、小华。请问哪两个同学是一组的？

山中的鬼怪

既然这里没有黑猩猩，酷酷猴和花花兔只好继续往前走，又走了一段路，花花兔停下了。

酷酷猴问："你怎么了？"

花花兔拍拍自己的肚子，说："我肚子饿了，走不动了！"

酷酷猴笑着说："这个好办，我上树给你采点儿野果吃。"

酷酷猴刚想上树，一只狒狒从旁边蹿出来，拦住了他。

狒狒厉声喝道："站住！你怎么敢随便上树？"

酷酷猴指着树上的串串野果说："这棵树上的果子这么多，让我上去摘点儿吃吧！"

狒狒两眼一瞪："果子多也不能吃！"

酷酷猴问："这树是你的？"

狒狒严肃地说："这一片树林都是我们'山中的鬼怪'的！我替他看守这片林子。"

酷酷猴吐了一下舌头："'山中的鬼怪'？好可怕

的名字！我的小白兔妹妹饿了，请你给点儿野果吃。”

狒狒眼珠一转，说：“想吃果子不难，你先陪我做个游戏。”

酷酷猴听说做游戏，眼睛一亮，高兴地说：“做游戏可太好啦！我最喜欢做游戏啦！”

狒狒往地上一指，酷酷猴看见地上有一个圆筐、一个方筐及一堆果子。

狒狒说：“这里有一个圆筐和一个方筐，还有 30 个果子。我先把你的眼睛蒙上，然后我拿果子往筐里扔，你听到果子落到筐子里，就拍一下手。”

狒狒掏出一块宽布条，蒙上酷酷猴的眼睛。

酷酷猴问：“你怎么个扔法？”

狒狒解释说：“我每次扔一个或同时扔两个。扔一个时，我扔到方筐里；扔两个时，我扔到圆筐里。听清楚没有？注意，我开始扔了！”

狒狒开始往筐里扔果子，酷酷猴根据“咚、咚、咚”的果子落筐的声音，就“啪、啪、啪”地拍手。

拂狒说：“我把 30 个果子都扔完了，你拍了多少下手？”

酷酷猴回答：“18 下。”

狒狒问：“你告诉我，方筐里有多少个果子？”

花花兔愤愤不平地对狒狒说：“你蒙着他的眼睛，他怎么能知道方筐里有多少个果子？你是成心难为他！”

花花兔跑到酷酷猴身边，小声对酷酷猴说：“我去给你数一数，然后偷偷告诉你。”

酷酷猴摆摆手，说：“不用数了，我已经知道方筐里有多少果子了。”

“多少个？”

“6 个。”

花花兔跑到方筐边上去一数，大叫一声：“呀，真有 6 个果子！”

“真对了！”狒狒倒背双手，逼近酷酷猴，“我早就听人家说,酷酷猴狡猾,最狡猾了！你说实话,是不是蒙的？”

“蒙的？”酷酷猴说，“我给你讲讲其中的道理，你就知道我是不是蒙的了！我一共拍了 18 次手，说明你一共扔了 18 次。”

狒狒点点头说：“对！”

酷酷猴又说：“如果这 18 次你都是扔到了圆筐里，需要 $2\times18=36$（个）果子，而你只有 30 个果子。因此不可能全部扔进圆筐里。”

花花兔竖起大拇指，称赞说：“听，分析得多透彻！”

酷酷猴继续分析：“30 个果子扔了 18 次，说明有

36 – 30 = 6（次）是扔到了方筐里。”

花花兔抢着说：“我算了一下，12 次扔进圆筐，6 次扔进方筐，总共是 2 ×（18 – 6）+ 1 × 6 = 30（个）。一共扔了 30 个果子，没错！”

狒狒点点头说：“既然你算对了，这 30 个果子就送给你们吃吧！”

酷酷猴冲狒狒行了一个举手礼：“谢谢！”

花花兔高兴地扇了扇两只大耳朵：“哈哈，有果子吃喽！”

突然只听一声吼叫，一只山魈从树上跳下来。山魈的长相十分奇特，红鼻子蓝脸，把花花兔吓坏了。

花花兔叫道："啊！鬼！大鬼！红鼻蓝脸的大鬼！"

山魈冲花花兔做了一个鬼脸："你才是鬼呢！我说狒狒，谁在偷吃我的果子？"

狒狒对酷酷猴和花花兔说："这就是这片树林的主人，山魈，人送外号'山中的鬼怪'。"

花花兔摇摇头说："山魈长得太可怕啦！"

山魈忽然目露凶光，抓住花花兔，问："是不是你偷吃了我的果子？不说实话，我就把你撕成两半！"

酷酷猴赶紧上前拦住："慢！花花兔没偷吃你的果子。"

山魈眼睛一瞪，叫道："可是她说我长得太可怕，说我长得可怕也不成！告诉你实话吧，我山魈最爱吃兔子肉啦！今天见到这么肥嫩、这么漂亮的小白兔，我能不吃吗？哈哈！"

酷酷猴问："真的要吃？"

山魈紧握双拳："铁定要吃！"

"好！你先看完了这个再吃。"酷酷猴掏出黑猩猩的信，递给了山魈，"这是黑猩猩的邀请信。你把黑猩猩的客人吃了，后果如何，你自己清楚！"

山魈听说他们俩是黑猩猩请来的客人，立刻就傻眼了，头上开始冒汗。他喃喃地说："我要真把黑猩猩的客人吃了，黑猩猩肯定饶不了我，会找我算账的！黑猩猩力大无穷，我哪里是黑猩猩的对手啊！”

山魈摸着脑袋说：“既然你们是黑猩猩的客人，那就请吧！你们往前走，我刚才看见黑猩猩在前面的林子里玩哪！”

知识点解析

鸡兔同笼问题

鸡兔同笼问题记载于《孙子算经》之中，是我国古代著名趣题之一，常用的解题方法有两种：假设法、方程法。故事中，狒狒说一共有30个果子，方筐里每次扔一个，圆筐里每次扔两个，分18次扔完，要求方筐里有多少个果子。这是典型的鸡兔同笼问题。

考考你

螃蟹有8只脚，蜜蜂有6只脚和2对翅膀，蝉有6只脚和1对翅膀。现在有三种动物20只，共有140只脚和16对翅膀。请问螃蟹、蜜蜂和蝉各有多少只？

黑猩猩的游戏

酷酷猴和花花兔走进树林，听到一群黑猩猩在树林里又吵又闹。

一只胖黑猩猩说：“我说得对！”

另一只瘦黑猩猩说：“不，我说得才对呢！”

一只个头最大的黑猩猩，站起来有 1.9 米的样子，看到酷酷猴和花花兔走来，吼道：“停止争吵！你们没看见客人来了吗？”

大黑猩猩主动伸出手，说：“我是这里的头领，叫作铁塔。是我写信请你来的，欢迎远道而来的客人！”

花花兔好奇地问：“你们刚才争吵什么？是做游戏？”

铁塔有点儿不好意思地说：“哦，哦，对，我们是在做一个有趣的游戏，只是总做不好。”

花花兔听说有难题，眼睛一亮：“有什么难解的问题，只管问酷酷猴，他是解决难题的专家，不管什么难题，他都能解决！”

酷酷猴冲花花兔一瞪眼：“不要瞎说！”

“那可太好啦！”铁塔说，“我们这儿有 49 只黑猩猩，从 1 到 49 每人都发了一个号码。我想从中挑出若干只黑猩猩，让他们围成一个圆圈，使得任何两个相邻的黑猩猩的号码的乘积都小于 100。”

花花兔抢着说：“这还不容易？你让 1 到 10 号的黑猩猩围成一个圆圈，任意相邻的两个数的乘积肯定小于 100。”

一只小黑猩猩跑过来对花花兔说：“嘘——你还没有把问题听完哪！如果像你说的这么简单，我们早就会做了！”

铁塔又说：“还有一个条件是：要求你挑出来的黑猩猩的数目尽量多！花花兔，你会吗？”

花花兔想了一下，说：“肯定比 10 个要多，但是我不会做，让酷酷猴来做吧！”

酷酷猴噌的一下蹿到了树上。

铁塔叫道：“酷酷猴，你要逃跑？”

酷酷猴说：“不，我习惯到树上去思考问题。”

酷酷猴在树上找了个舒服的地方躺下来，自言自语地说：“凡是求‘最多有几个’‘最少有几个’的问题都不好解，我要好好思考。”他接着分析说：“由于两个两位数相乘的乘积一定大于 100，因此任何两个两位数都不能相邻，嘿，有门儿啦！”说完，从树上跳了下来，指挥黑猩猩围圈儿。

酷酷猴指挥说：“请 9 个拿着一位数的黑猩猩，按从 1 到 9 的顺序先围成一个圆圈。”他们站好之后，酷酷猴又说：“再请拿着 10 到 18 这 9 个两位数的黑猩猩，每人插入这个圆圈的两个一位数之间。”

黑猩猩按要求站好以后，酷酷猴说：“好啦，可以挑出来的黑猩猩数最多是 18 个。”

铁塔问：“难道就不能是 19 个？”

酷酷猴十分肯定地说：“不能！由于一位数已经挑完，如果要选第 19 个数，这第 19 个数必然是一个两位数，不管把它放到哪儿，它总要和一个两位数相邻。而两个两位数相乘的乘积一定大于 100，这是不容许的。”

铁塔竖起大拇指，称赞说：“酷酷猴果然名不虚传！”

花花兔冲黑猩猩做了一个鬼脸：“你们服了吧？”

突然，森林的一边出现了两头雄狮，他们死死盯住了花花兔。

花花兔一回头，眼光正好和狮子眼里射出的凶光碰个正着。花花兔不由自主地打了一个寒战：“我的天哪！两头大狮子正盯着我呢！”

酷酷猴不敢迟疑，大叫一声：“快跑！”

只听一声长吼，两头狮子一前一后向花花兔追来。

“不要猖狂！”铁塔大喝一声，迅速从腰间拿出一种“L”形的器物。他大喊一声：“走！”这个“L”形的器物飞快地旋转着向领头的狮子飞去，只听砰的一声，这头狮子的脑门儿上正中一击，狮子嗷的一声被打翻在地，一连打了好几个滚儿。奇怪的是，这个“L”形器物打倒狮子以后，又飞回到铁塔的手里。另一头狮子怕极了，赶紧拉起被打倒的狮子一起仓皇逃走了。

“太神啦！”这个神奇的器物，让酷酷猴和花花兔看傻了。

花花兔跑过去问：“这是个什么玩意儿？”

铁塔说：“这叫作‘飞去来器’，可厉害啦！”

“我玩玩行吗？”花花兔对这个新鲜武器来了兴趣。

“可以。”铁塔叮咛，“但你一定要留神，别打着自己！”

花花兔接过“飞去来器”，猛地一下扔了出去，只听嗖的一声，“飞去来器”向远方飞去。

“真好玩儿！真好玩儿！”花花兔一边拍手，一边跳。忽然只听嗖的一声，“飞去来器”又飞回来了，直奔花花兔的脑袋飞过来。铁塔大叫一声：“快趴下！”花花兔刚趴下，“飞去来器”呼的一声从她的脑袋上飞过，钉在一棵树上。

花花兔吓得全身发抖。

铁塔把“飞去来器”从树上拿下来，递给了花花兔：“不用怕，多练练，练熟了就会用了。给，送给你做防身武器吧！”

“谢谢铁塔！”花花兔拿着“飞去来器”，乐得又蹦又跳。

坚果宴会

铁塔一手拉着酷酷猴，一手拉着花花兔走进棚子："你们一路辛苦，我们要好好招待你们哪！"

花花兔问："有什么好吃的？"

铁塔笑着说："我准备开一个坚果宴会，胖子、瘦猴、秃子、红毛，你们四个去采一些坚果来。"

胖子、瘦猴、秃子、红毛是四只黑猩猩的名字。胖子长得奇胖无比，简直就是一堆肉；瘦猴瘦得可怜，看上去就像一根棍子；秃子的脑袋是寸毛不生，在阳光下闪闪发光；红毛长了一身又长又密的红毛，好吓人。

"是！"四只黑猩猩答应一声，转身就采坚果去了。

"坚果是什么？"花花兔不明白。

酷酷猴冲她做了一个鬼脸："采来你就知道了。"

不一会儿，四只黑猩猩采回许多坚果，每人都把自己采来的坚果放成一堆。花花兔走近一看，嗨，坚果原来是些野核桃、野杏仁儿。

叫"胖子"的黑猩猩说："呀，采回这么多坚果，足

够你们吃的！”

花花兔摇摇头：“原来坚果是这些东西，我都咬不动啊！”

铁塔问：“你们四个谁采得最多呀？我好论功行赏。”

四只黑猩猩齐声回答：“我采得最多！”

“每个人都采得最多？”铁塔走过去，把四堆坚果都数了数，“我数了一下，红毛比秃子采得多；胖子和瘦猴采得的总数等于秃子和红毛采得的总数；胖子和红毛采得的总数比瘦猴和秃子采得的总数少。”

铁塔转过脸，问酷酷猴：“你说说，谁采得最多呀？”

酷酷猴心里明白，考查他的时候到了。

花花兔做了一个鬼脸：“啊，考试开始了！”

酷酷猴说：“为了方便，我设胖子、瘦猴、秃子、红毛采得的坚果数分别为 a、b、c、d 个。”

铁塔点点头：“可以，可以。”

酷酷猴边写边说：“根据你数坚果的结果，有：

$c<d$ ①

$a+b=c+d$ ②

$a+d<b+c$ ③

②+③，得 $2a+b+d<2c+b+d$

有 $2a<2c$，$a<c$ ④

由①和④可得 $a<c<d$

由②和④可得 $d<b$

所以有 $a<c<d<b$

瘦猴采得最多！”

瘦猴高兴得跳了起来：“别看我瘦，我采坚果最卖力！”

铁塔拿起三个坚果，说：“奖给瘦猴三个坚果！”

铁塔用坚果招待酷酷猴和花花兔："二位吃坚果，坚果非常好吃！"

酷酷猴忙说："谢谢！"

花花兔拿起一个坚果，咬了半天纹丝不动。她摇摇头说："这怎么吃呀？"

酷酷猴也说："我也咬不动！"

花花兔跑过去向瘦猴求教："我咬不动这坚果，怎么吃呀？"

瘦猴说："用石头砸呀！"

瘦猴把坚果放到大石头上，用小石头用力一砸。只听啪的一声，坚果裂成了两半，瘦猴飞快地把果仁儿扔进嘴里。

正当大家砸坚果、吃果仁儿的时候，一条大蟒蛇吐着红红的信子，悄悄从树上爬了下来。

花花兔看见了："啊，大蟒蛇来了！"

瘦猴看见后也吓了一跳，大喊："快跟我跑！"

瘦猴拉着花花兔在前面跑，大蟒蛇在后面追。

花花兔大声呼喊："救命啊！"

铁塔看见了，问："聪明的酷酷猴，你能不能把你的伙伴从大蟒蛇嘴里救出来？"

酷酷猴知道这又是考验他，于是毫不含糊地说："看我的！”

酷酷猴找来一个大铁桶，钻进铁桶里面，顶着铁桶迎着大蟒蛇跑过去。

酷酷猴对大蟒蛇说：“你敢和我斗吗？”

“一只小猴子也敢向我挑战？”大蟒蛇发怒了，一下子缠住了铁桶，酷酷猴却从铁桶下面溜走了。

酷酷猴冲大蟒蛇嘿嘿一乐：“这叫‘金蝉脱壳’，我走了！”

大蟒蛇气得呼呼喘粗气：“我看你往哪儿跑！”说着就快速追来。

大蟒蛇的穷追不舍激怒了铁塔，他吼道：“酷酷猴和花花兔是我请来的客人，岂能让你追杀？”说着，双手抓住大蟒蛇，用力向两边拉，只听嗨的一声，大蟒蛇大叫：“疼死啦！”

又听见咔嚓一声，铁塔把大蟒蛇拉断成两半，扔在了地上。

花花兔惊呼：“铁塔力气真大呀！”

挑战头领

酷酷猴竖起大拇指称赞："铁塔真是力大无穷，佩服，佩服！"

铁塔不以为然地说："拉断条大蟒蛇，算不了什么。"

酷酷猴见铁塔挺自负，心想：我来到这儿，都是你出难题考我，这次该我出个难题考考你了。想到这儿，他从口袋里拿出一个大梨。

酷酷猴说："这是我从北方带来的大梨，我把它放到距这儿 100 米处。"

铁塔忙问："你是不是想问，我需要几秒钟可以把大梨拿到手呀？"

酷酷猴笑着说："我怎么可能问这么简单的问题呀！"

酷酷猴说："你从这儿出发，先前进 10 米，接着又退后 10 米；再前进 20 米，接着又后退 20 米，这样走下去。问，你走多少米才能拿到这个大梨？"

听完酷酷猴的问题，铁塔笑得前仰后合。他说："你拿这么简单的小玩意儿骗一骗兔子、山羊还可以，怎么能用来考我呢？哈哈……”

酷酷猴严肃地继续说：“对于这个问题，你要做出明确的回答。”

铁塔见酷酷猴认真的样子，就说：“我往前走一段，接着又退回到原地，这路我都白走了，这辈子也吃不到这个大梨呀！”

一只叫金刚的雄黑猩猩站出来，说：“头领说得不对！完全可以拿到大梨。”

铁塔忙问：“你说说怎么个拿法？”

金刚说：“你第一次前进了 10 米，又退回到原处；第二次前进了 20 米，又退回到原处。但是，第十次就能前进 100 米，就可以拿到大梨了。”

花花兔在一旁补充说：“你别忘了，路越走越长啊！”

金刚边说边在地上写出算式：“一共走了 $10\times2+20\times2+\cdots+90\times2+100=20+40+\cdots+180+100=1000$（米）。只要走 1000 米就可以拿到大梨。”

金刚站起来，向铁塔提出了挑战：“你已经老糊涂了，连这么简单的问题都做不出来，不适合再担任头领了。我正式向你提出挑战，我要当新头领！”

“敢向我挑战，你小子是不想活了！”铁塔怒了，向金刚发起了进攻。

呜——金刚毫不退缩，摆开架势迎战。

两只黑猩猩撕咬在一起。

嗷——金刚吼叫着向前撕咬。

呜——铁塔上面拳打，下面脚踢。

花花兔要上前劝阻，酷酷猴阻止了她。

花花兔歪着脑袋问："他们打得这么厉害，你为什么不让我去劝架？"

酷酷猴解释说："不要阻拦他们，为了使头领绝对强悍，他们经常要争夺头领的位子。"

花花兔问："你怎么知道的？"

酷酷猴说："我们猕猴也经常为争夺头领的位子而战斗。"

正说着，这边的战斗也有了结果，老头领铁塔被打败，感叹了一声："我真的老了，打不过他了！"落荒而逃。

金刚站在树上，高举双拳欢呼："噢，我胜利喽！"

众黑猩猩立刻接受了这个事实，他们向金刚狂呼，庆祝金刚当上了新头领。

众黑猩猩跪倒在金刚面前，齐声高叫："我们服从你的领导！"

花花兔见头领更换得如此之快，心里很不是滋味儿。她追上战败的老头领铁塔，问："喂，你一个人到哪儿去呀？”

铁塔握紧双拳说：“我去找一个地方养养伤，等好了以后，再回来重新争夺头领的位子！”说完，挥挥手，消失在丛林中。

双跳叠罗汉

金刚当上了新头领，十分兴奋。他对大家说："为了欢迎远方的客人，也为了庆祝我当上新头领，今天我们开一个联欢会。"

"表演节目？那可太好啦！"花花兔就爱热闹。

金刚啪啪啪拍了三下手，从下面走出十只黑猩猩，他们排成一排，胸前分别戴着从 1 到 10 十个号码牌。

金刚介绍说："他们要表演'双跳叠罗汉'。"

"什么叫'双跳叠罗汉'？"酷酷猴不大明白。

金刚解释："每只黑猩猩都可以越过两只黑猩猩站在另一只黑猩猩的背上，要求的是最后五只黑猩猩都要跳到另外五只黑猩猩的背上。"

"噢，我知道了！"花花兔似乎明白了，"每次跳都要越过两只黑猩猩，所以是'双'；最后是一个在另一个的背上，所以是'叠罗汉'。你们赶紧跳吧！"

黑猩猩刚要跳，"停！"金刚马上出面制止。

金刚对花花兔说："嘿，不能乱跳！如果不按照一定的规律跳，根本就跳不成‘叠罗汉’。”

“我不信！”花花兔还挺倔，“我就能让他们跳成！”

金刚点点头说：“好，好。我就让你试试。十只黑猩猩，你们都听花花兔的指挥！”

“是！”十只黑猩猩异口同声答应。

花花兔显得十分神气，她指挥着：“听我的口令：4 号跳到 1 号背上，7 号跳到 10 号肩上。”4 号向左跳过 2 号和 3 号，站到了 1 号的背上。而 7 号向右越过 8 号和 9 号，落到了 10 号的肩上。

花花兔继续发布命令：“6 号跳到 2 号的背上，3 号跳到 9 号的背上，哈，快成功了！”

④⑥　　　③⑦

①②　⑤　⑧⑨⑩

可是往下再怎么跳，花花兔就不会了，她急得满头大汗。

金刚在一旁催促说：“花花兔，你快接着指挥呀！”

花花兔抹了一把头上的汗："哎呀，我不会了！"

金刚发怒了，他吼道："一只无知的小兔子，敢在我面前逞能，给我拿下！"

两只黑猩猩上来把花花兔拿下。

花花兔急忙求助酷酷猴："酷酷猴救命！"

酷酷猴先上前一抱拳，说："我的朋友年幼无知，多有得罪。我怎样才能救她？"

金刚说："除非你把这个'双跳叠罗汉'跳成，否则这顿兔子肉我是吃定了！"

"好，我来指挥。"酷酷猴下达命令，"听我的口令，重新跳！4号跳到1号的背上，6号跳到9号的背上。"

酷酷猴又命令道："8号跳到3号的背上，2号跳到5号的背上。"

④ ⑧ ② ⑥

① ③ ⑤ ⑦ ⑨⑩

酷酷猴最后命令："10 号跳到 7 号的背上。"

④　⑧　②　⑩　⑥

①　③　⑤　⑦　⑨

花花兔不服气地说："其实我就跳错了一个！不应该让 7 号跳到 10 号背上。"

"跳错一个也不成呀！酷酷猴果然聪明！"金刚马上命令，"放了花花兔！"

酷酷猴问金刚："黑猩猩请我从万里之外来到非洲，不会是请我们来白吃饭的吧？"

金刚回答："我们把你请来，就是想和你比试比试，看看到底是你猴子聪明，还是我们黑猩猩聪明。"

酷酷猴又问："咱们的比试什么时候正式开始？"

金刚想了想，说："比试需要有裁判。我让胖子、瘦猴、红毛分别去请狒狒、山魈和长颈鹿来当裁判。"

三只黑猩猩答应一声："是！"

花花兔听说要去请裁判，忙跑过来和三只黑猩猩套近乎。

花花兔说："狒狒和山魈我都见过了，就是没见过长颈鹿。你们谁去请长颈鹿啊？"

胖子说："我不去请狒狒。"

瘦猴说："我不去请山魈和长颈鹿。"

红毛说："我不去请山魈。"

花花兔一听他们的回答，就急了："我问你们谁去请长颈鹿，你们却回答不去请谁！这不是成心刁难我吗？"

红毛笑嘻嘻地说："我们就是想考考你这只傻兔子。"

"敢说我傻？"花花兔把耳朵一竖，"其实我都知道！瘦猴，你不去请山魈和长颈鹿，必然是去请狒狒。红毛，你不去请山魈，而狒狒由瘦猴请了，你就只能去请长颈鹿了！"

红毛点点头说："行，你还真不傻！你跟我走吧！"花花兔跟着红毛一起走了。

寻找长颈鹿

花花兔问红毛："你知道长颈鹿住在哪儿吗？"

红毛说："前几天，长颈鹿曾给我来过一封信。"说着，掏出一封信。信上写道：

亲爱的红毛：

我最近又搬家了，这一片树林特别大。欢迎你到我的新家来做客。新家紧挨着高速公路，公路上立着一个路标牌，牌子上写着 *ABC*。

好朋友长颈鹿高高

花花兔看着信，疑惑地问："这是什么？"

"我也不知道。"红毛摇摇头，说，"你翻过信的背面再看看。"

花花兔翻过来，见信的背面画有图（图①），还写着字：

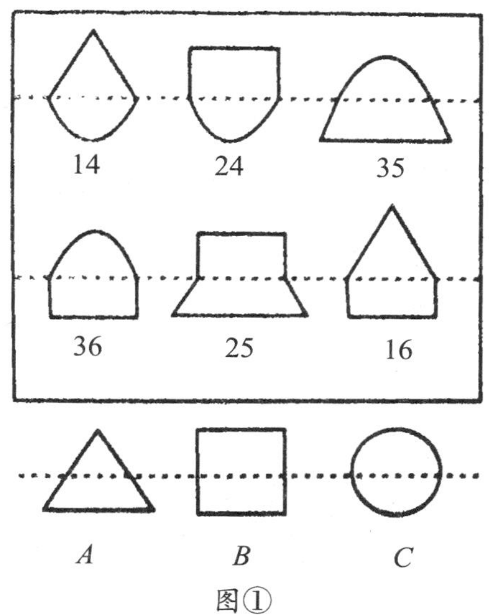

图①

每个图形和它下面的数字都有对应规律，根据这些规律可以确定 A、B、C 各代表什么数。

花花兔想了半天，摇摇头，说：“这 A、B、C 都表示什么数？这可怎么算哪？”

红毛也说：“我琢磨了好半天，也摸不着门儿！”

“不行，还要琢磨。”花花兔说，“方框里的都是半图，而方框外面的是一个整图，咱们能不能把这些图都分成上下两部分呢？”

红毛眼睛一亮：“嘿，有办法了！”

花花兔边说边在地上画：“方框里的每个图都对应着

一个两位数，而把这些图分开之后，上半部分应该对应着十位数，下半部分对应着个位数。”

红毛问：“你怎么知道？”

花花兔指着图说：“你看半圆呀，它在上面时就对应着 3，它在下面时就对应着 4。”

红毛点点头说：“对，是这么回事！三角形的上半部分对应着 1，下半部分对应着 5。”

花花兔接着说：“长方形的上半部分对应着 2，下半部分对应着 6。”

红毛高兴地叫道：“哈哈，求出来啦！$A=15$，$B=$

26，$C=34$。找到写着 152634 的路标，就能找到长颈鹿。”

走了一会儿，花花兔发现有两只猎豹在远远跟着他们，可是花花兔不认识猎豹，她偷偷地告诉红毛：“后面有两只大猫在跟着咱们。”

红毛回头一看，吓了一跳。他赶紧说：“那不是大猫，那是非洲草原上跑得最快的，也是最凶猛的猎豹！”

“啊！”花花兔非常害怕，“猎豹是不是想吃咱们？”

红毛回答：“猎豹吃不了我，他们就是想吃你！”

“那可怎么办哪？”花花兔害怕得浑身发抖。

红毛招呼花花兔：“你在前，我断后，咱俩沿着公路快点儿跑！”

“好！”花花兔答应一声，沿着公路撒腿就跑。

花花兔这一跑，又惊动了一只大鹰。只听一声凄厉鸣叫，大鹰出现在花花兔的头上方。

花花兔大惊失色：“啊，大鹰也要抓我！”

红毛喊道：“咱们两面受敌。快跑！”

猎豹在地上吼着：“小兔子，你往哪里跑！”

大鹰在空中叫着：“小兔子，你是我的！”

突然，一群长颈鹿从前面的丛林中蹿出来。

长颈鹿高叫：“你们不要害怕，我们来了！”

“啊，救星来了！”红毛热烈欢呼。

长颈鹿抬起后腿，对猎豹喊道：“看我的厉害！”用有力的后腿把两只猎豹踢飞了。

一只飞起的猎豹正好撞在大鹰的身上。大鹰遭受了重创：“哎哟，你撞死我了！”

大鹰和猎豹，一个歪着膀子，一个斜着腰，狼狈逃窜。

长颈鹿指着前面的路标：“你们看，前面的路标上写着什么？”

花花兔说：“152634，哈，我们到长颈鹿的新家啦！”

宴会上的考验

黑猩猩的新头领金刚所请的裁判——狒狒、山魈和长颈鹿都来了。

金刚说："我请的三位裁判已到齐，我将设宴招待各位。"

狒狒、山魈和长颈鹿一起起立，对金刚说："祝贺金刚荣升为新头领，谢谢新头领的款待。"

一个小猩猩头顶一个圆盘，里面有许多蘑菇。

小猩猩对大家说："请头领、客人、裁判吃蘑菇！"

金刚招呼客人："大家随便吃！"

小猩猩献给酷酷猴一个蘑菇。

酷酷猴拿起来放到口中一尝，忙说："这蘑菇真鲜！"

小猩猩倒也乖巧，他又从盘子里拿起一个蘑菇，说："既然蘑菇好吃，我就再送你一个。不过你要回答我一个问题。"

"什么？连你这么小的猩猩也要出题考我？"酷酷猴点点头，说，"好吧！什么问题？"

小猩猩解释说："通过计算这个问题，你可以知道我采蘑菇的辛苦。"接着他开始出题了："我去树林里采蘑菇，晴天每天可以采 20 个，雨天每天只能采 12 个。我一连几天共采了 112 个蘑菇，平均每天采 14 个。请问这几天中有几天下雨？"

酷酷猴笑着说："吃你的蘑菇还要做题，这蘑菇吃得不容易啊！不过我已经算出来了，有 6 天下雨。"

小猩猩惊讶地问："你怎么算得这么快？"

酷酷猴说："你一共采了 112 个蘑菇，平均每天采 14 个，可以知道你一共用了 112 ÷ 14 = 8（天）的时间。"

小猩猩点点头说："天数算得对，是 8 天！那雨天有几天呢？"

酷酷猴说："假设这 8 天全是晴天，你应该采 20×8=160（个）蘑菇。实际上你只采了 112 个，少采了 160-112=48（个）蘑菇。雨天比晴天每天少采 20-12=8（个），所以，雨天有 48÷8=6（天）。"

小猩猩鼓掌说："完全正确！请吃蘑菇。"

三位裁判一致裁定："第一场比试的问题，酷酷猴做对了，金刚再考下一个问题。"

这时，一个耳朵上戴着鲜花的雌猩猩走上来。

金刚说："请我们的舞蹈家苏珊娜给诸位跳旋转舞，先插上旗！"

两只猩猩在距离 30 米的地方两头各插了一面旗。

金刚介绍说："这两面旗之间的距离是 30 米，苏珊娜从一面旗那儿出发，沿直线跳着舞向另一面旗前进。"

正说着，雌猩猩苏珊娜已经开始跳旋转舞了，几个猩猩敲打着木头为她伴奏。

众猩猩看得如痴如醉，大声叫好："好啊！"

金刚对酷酷猴说："苏珊娜的舞蹈是这样跳的：她往前迈 2 步，原地旋转，退后 1 步，然后再往前迈 2 步。她就这样从一面旗跳到另一面旗。她每一步都是 50 厘米，请酷酷猴算算，苏珊娜一共走了多少步？"

酷酷猴稍加计算，回答："我算的结果是：苏珊娜一共走了 176 步。”

金刚没想到酷酷猴这么快就得出了答案，愣道：“说说是怎么算的。”

酷酷猴说：“苏珊娜要走 3 步才能前进 50 厘米。前进 1 米需要走 $3\times2=6$（步），而前进 29 米要走 $3\times2\times29=6\times29=174$（步）。”

金刚好像发现了什么，他站起身来向前走了两步，说：“不对呀！你刚才说苏珊娜一共走了 176 步，可是你算出来的是 174 步，离 176 步还差 2 步哇！”

三位裁判也唰的一声站了起来：“是啊，为什么差 2 步？”

酷酷猴不慌不忙地说：“我还没算完哪！我刚算出的是苏珊娜走 29 米时走了多少步。可是，两面旗的距离是 30 米，这时苏姗娜离第二面旗还差 1 米！苏姗娜只要再前进 2 步就到了，用不着再旋转和后退了。所以，$174+2=176$（步）。”

三个裁判又唰的一声坐下了。

狒狒宣布：“酷酷猴算得完全正确！”

山魈点点头说：“连我都听明白了！”

长颈鹿说：“我宣布：第一轮，金刚出题，酷酷猴答题，酷酷猴胜利！下面该酷酷猴出题，金刚来答题了。”

我的鼻子在哪儿

酷酷猴站在大厅当中说："该我出题考新头领金刚了。"

金刚一脸满不在乎的样子："随便考！"

酷酷猴在地上画了 3 个圆圈，又点了 14 个点。

酷酷猴说："我画了红、蓝、绿 3 个圆圈，又点了 14 个点。"

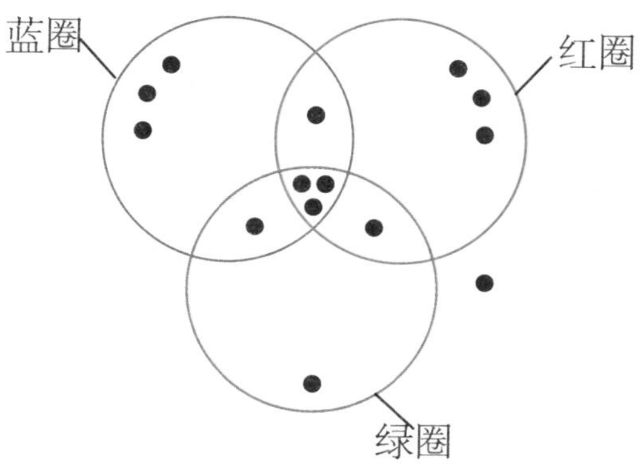

金刚不明白，问："你这是干什么？咱们玩跳房子，还是玩过家家？"众黑猩猩听了哈哈大笑。

酷酷猴没笑，他一本正经地说：“这 14 个点代表 14 件东西：3 只兔子，1 只松鼠，3 只蝉，3 只猫，1 只狮子，1 个爱吃肉的老头，1 个淘气的小孩和我的鼻子。”

金刚又问：“那 3 个圆圈有什么用？”

酷酷猴解释说：“红圈里的点代表四条腿的动物，蓝圈里的点代表会爬树的，绿圈里的点代表爱吃肉的。”

金刚还是不明白：“你让我干什么？”

酷酷猴说：“我让你指出哪个点代表我的鼻子。”

“这 14 个点都一模一样，我到哪儿去找酷酷猴的鼻子？”金刚找不到要领，急得抓耳挠腮。

裁判长颈鹿见时间已到，站起来宣布：“考虑时间已到，金刚没有答出。下面由出题者给出答案。”

酷酷猴说：“由于我的鼻子没有四条腿，因此不会在红圈里；我的鼻子自己不会爬树，不会在蓝圈里；我的鼻子不爱吃肉，也不会在绿圈里。所以 3 个圆圈外的那个点代表我的鼻子。”

花花兔跑过来，问：“哪 3 个点代表 3 只兔子？”

酷酷猴答道：“由于兔子有四条腿，应该在红圈里。但是，兔子不会爬树，不能在蓝圈里，兔子也不吃肉，不能在绿圈里。所以，只能是红圈的 3 个点，代表 3 只兔子。”

这时，松鼠、狮子、蝉、猫纷纷围过来，问：“哪个点代表我？”

酷酷猴笑着说：“嘻嘻！都来问。好了，我都给你们指出来。”酷酷猴把各点代表什么都标明了。

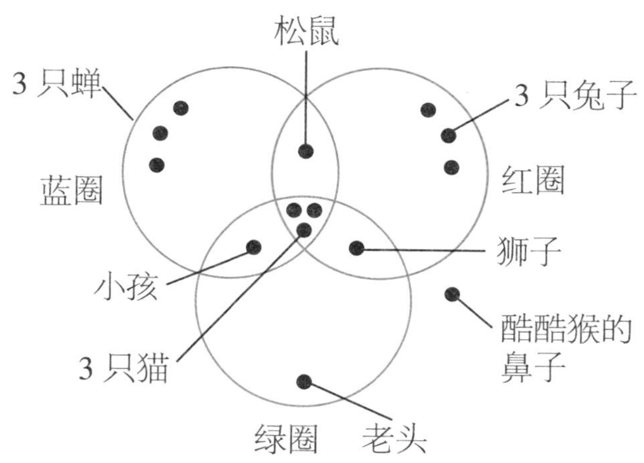

金刚第一个问题没有答出来，并不服气。他叫道："第一道题没答出来，不算什么，第二道题我一定能答好！"

裁判狒狒站起来，说："请酷酷猴出第二道题。"

酷酷猴在地上画了一个迷宫图。

酷酷猴说："这个大长方形里面有 22 个同样大小的小长方形。只知道小长方形的宽是 12 厘米，求阴影的面积。"

金刚满不在乎地说："这个好办！我先量出小长方形的长，就可以算出小长方形的面积，也可以算出大长方形的面积。用大长方形的面积减去 22 个小长方形的面积之和，就是阴影的面积。"

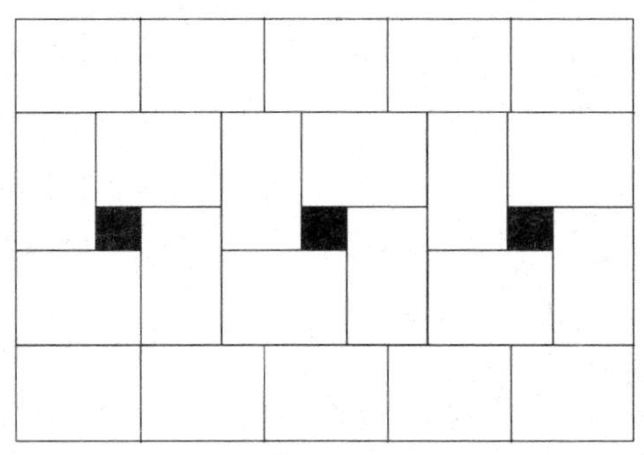

裁判山魈过来阻止，说："对不起，你不能量小长方形的长，你只能根据小长方形的宽，计算出阴影的面积。"

金刚只好拼命想。

金刚一屁股坐在地上，边擦汗边说：“我越想越糊涂了。”

山魈催促说：“你别坐在地上啊！快点儿算！”

金刚摇摇头，喘着粗气说：“不算了，不算了！只知道宽，不知道长，没法儿算！”

裁判山魈立即宣布：“金刚承认失败！”

金刚说：“我可以承认失败，但是酷酷猴必须告诉我这个问题的答案。”

酷酷猴说：“从图的上半部分可以看出，5 个小长方形长的和 = 3 个小长方形长的和 + 3 个小长方形宽的和。进一步得到: 2 个小长方形长的和 = 3 个小长方形宽的和。”酷酷猴指着图，继续说：“知道小长方形的宽是 12 厘米，可以算出小长方形的长是 18 厘米。阴影包含有 3 个同样大小的小正方形，小正方形的边长 = 小长方形的长 − 小长方形的宽，就是 $18-12=6$（厘米）。阴影的面积= $6\times6\times3=108$（平方厘米）。”

遭遇鬣狗

金刚输急了，他瞪大了眼睛叫道：“酷酷猴，你如果真有本事，就绕着这个大森林走一圈儿，能够活着回来的话，那才叫有本领呢！”

裁判长颈鹿问酷酷猴：“你敢应战吗？”

酷酷猴笑了笑：“这有什么不敢的？”

酷酷猴向大家挥挥手，说：“过一会儿见！”

花花兔把两只大耳朵向后一甩：“我巴不得在非洲大森林里逛一逛呢！走！”说完，他们离开了黑猩猩，往森林里走去。

两人走着走着，忽然听见大树后面传来说话声。

一个嘶哑的声音说：“咱们这次把猎豹藏的瞪羚都偷来了，足够咱们吃几天的！”

花花兔打了一个寒战，忙问：“这是谁在说话？”

“嘘——”酷酷猴示意花花兔不要说话。他们俩偷偷绕过大树，原来是几只鬣狗在谈话。

鬣狗甲着急地说：“咱们快把这些偷来的瞪羚分了吧！”

鬣狗乙非常同意："对！要是让猎豹发现了，可不是闹着玩儿的！"

鬣狗丙想了一下，说："不知道咱们有多少人参加偷盗瞪羚行动，也不清楚一共偷盗了几只瞪羚。"

鬣狗乙凑前一步说："我倒是算过，把瞪羚三等分后，余下 2 只，把其中一份再加上多余的 2 只，给咱们老大；把剩下的两份再三等分，还是余下 2 只，把其中的一份再加上多余的 2 只，给咱们老二；再将剩下的两份三等分，还是余下 2 只，把其中的一份再加上 2 只分给老三；最后剩下的两份就给老四、老五了。这样分正合适！"

花花兔悄悄地问："酷酷猴，你说他们偷了多少只瞪羚？"

酷酷猴回答："我算了一下，一共是23只瞪羚，有5只鬣狗。听说这些鬣狗非常凶残，经常成群结伙地攻击其他动物！"

花花兔急着问："你是怎么算出来的？"花花兔这一着急，说话的声音就高了。鬣狗很快发现了酷酷猴和花花兔。

鬣狗甲紧张地说："嘘——有人！"

鬣狗乙说："我看见了，是一只猴子和一只小白兔。"

酷酷猴见机不妙，忙对花花兔说："咱们快走！"几只鬣狗在后面紧跟着他们。

花花兔问："这些鬣狗为什么总是跟着咱们？"

酷酷猴说："他们在找机会，时机一到就会向咱们发起进攻！"

花花兔听了，又开始浑身发抖了："这可怎么办哪？"

酷酷猴鼓励说："不要怕！要冷静！"

突然，鬣狗甲发布命令："时候到了，进攻！"鬣狗向酷酷猴和花花兔发起了进攻。

酷酷猴也不敢怠慢，忙说："快跑！"

跑着跑着，花花兔回头一看，大叫："哎呀，鬣狗快追上我们啦！”

酷酷猴灵机一动，拉着花花兔，说：“跟我上前面那棵树！”

五只鬣狗把树围上了。

酷酷猴对鬣狗说：“你们已经偷了猎豹那么多的瞪羚，足够吃几天的了，为什么还要攻击我们？”

鬣狗甲摇晃着脑袋，说：“到现在我也不知道，我们一共弄来多少只瞪羚。”

酷酷猴说：“刚才我已经算出来了，参加偷盗的鬣狗有 5 只。我用的是试算法，从老四、老五每人最少分 1 只开始算起，发现不成。我又设老四、老五每人最少分 2 只，这样往前推，可知，老三分 4 只，老二分 6 只，老大分 9 只，总共是 9 + 6 + 4 + 2 + 2 = 23（只）瞪羚。”

鬣狗甲说：“23只瞪羚再加上你们两个，就是25只了！兄弟们！啃树！把大树啃倒，咱们吃活的！”

众鬣狗答应一声：“啃！”

这鬣狗还真是厉害，大树硬是被他们啃得摇摇欲坠。

花花兔有点儿害怕：“酷酷猴，你看这怎么办？大树快倒了！”

酷酷猴说：“不要害怕，如果这棵树被啃倒了，我就带你到另一棵树上去！”

鬣狗正啃得起劲儿，忽然听到一声怒吼，两只猎豹出现在鬣狗的眼前："偷瞪羚的小偷，你们哪里跑？"

鬣狗一看猎豹来了，立刻就傻眼了。鬣狗甲说："我们投降！我们投降！"五只鬣狗举手投降。

猎豹甲找到 4 张$\frac{1}{4}$圆弧的铁板和 4 张平的铁板。

猎豹甲说："用这些铁板把他们都单独关起来！"

猎豹乙说："不成啊！他们一共有 5 只呀！"

猎豹甲摇摇头说："哎呀，这可麻烦了，4 只鬣狗就已经都关满了！"

酷酷猴见状，从树上下来，说："可以这样安排一下，就都能关押了。"酷酷猴把铁板的位置又重新安排了一下，就可以关押 5 只鬣狗了。

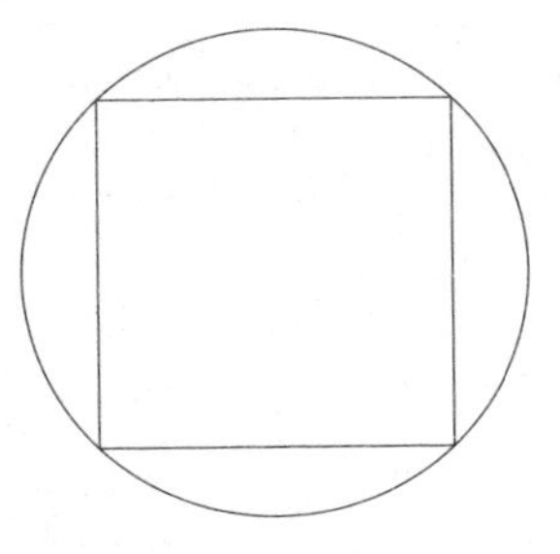

两只猎豹同时竖起大拇指，称赞说："聪明的酷酷猴！"

群鼠攻击

酷酷猴和花花兔告别了猎豹，酷酷猴说：“咱俩还是继续赶路吧！”

花花兔却一屁股坐在了地上，噘着嘴说：“可我饿了，走不动了！”

这可怎么办？在这荒野中拿什么给花花兔吃？酷酷猴也发愁了。

花花兔一转头，发现路旁有一堆码放整齐的面包。花花兔高兴地叫道：“啊，面包！”

酷酷猴看到这些面包，也觉得奇怪。他自言自语地说：“谁会把面包放在这儿呢？”

花花兔真是饿极了，不管三七二十一，拿起一个面包就啃：“管它是谁的，先吃了再说！”

酷酷猴觉得不合适：“不征得主人的同意，不能吃人家的东西。”

酷酷猴的话音未落，一群野鼠围住了酷酷猴和花花兔。

一只领头的野鼠吱吱叫了两声，责问道：“你们竟敢偷吃我们的面包！”

花花兔辩解说：“你们的面包？这些面包还不知道是从哪儿偷来的呢！哼，老鼠还能干什么好事？”

野鼠头领大怒：“你偷吃了我们的面包，还不讲理！兄弟们，上！”野鼠吱吱狂叫着，开始围攻酷酷猴和花花兔。

酷酷猴一看形势不好，他对花花兔说：“咱们还是上树吧！”没想到野鼠和鬣狗不一样，他们也跟着上了树。

花花兔着急地说：“不行啊，非洲野鼠也会爬树！”

正在危急的时候，伴随着一声凄厉的鹰啸，一群老鹰从空而降。

领头的老鹰叫道：“快来呀！这里有大批的野鼠！”

众老鹰欢呼道：“抓野鼠喽！”

野鼠见克星老鹰来了，吓得四散逃走。

花花兔高兴地说：“救星来了！”

酷酷猴首先向老鹰致谢，又问老鹰：“这片森林里有多少老鹰，每天能吃多少只野鼠？”

老鹰头领回答：“这片森林里有 500 只老鹰。至于捉老鼠嘛，昨天有一半公老鹰每人捉了 3 只野鼠，另一半公老鹰每人捉了 5 只野鼠；一半母老鹰每人捉了 2 只野鼠，另一半母老鹰每人捉了 6 只野鼠。你算算昨天一天我们一共捉了多少野鼠？”

花花兔听了，皱着眉头说："我听着怎么这么乱哪！"

酷酷猴说："要想办法从乱中整理出头绪来。你想想，所有的公老鹰中，有一半是每人捉了 3 只野鼠，另一半是每人捉了 5 只野鼠，平均每只公老鹰捉了几只野鼠？"

花花兔想了一下，说："嗯——平均每只公老鹰捉了 4 只野鼠。"

酷酷猴点点头说："对！你再算算，平均每只母老鹰捉了几只野鼠？"

花花兔说："其中的一半是每人捉了 2 只，另一半是每人捉了 6 只。平均每只母老鹰也是捉了 4 只野鼠。"

酷酷猴说："既然公的和母的老鹰每人都是捉了 4 只野鼠，500 只老鹰一共捉了多少只野鼠呢？"

花花兔眨巴一下大眼睛，说："这还不容易？ 4 × 500 = 2000，正好 2000 只野鼠。呀，可真不少！向灭鼠英雄致敬！"

老鹰微笑着向酷酷猴和花花兔点点头，说："谢谢你们的称赞！咱们后会有期！"说完就飞走了。

酷酷猴和花花兔又往前走，忽然看见两只大鱼鹰和一只小鱼鹰正在树上吃鱼。每只鱼鹰脚下都有一堆鱼。

花花兔好奇地说："酷酷猴，你看，老鹰还吃鱼呀！"

酷酷猴笑着说："那不是老鹰，那是鱼鹰。"

花花兔很有礼貌地向鱼鹰打招呼："鱼鹰，你们好！你们三人各捉了多少鱼呀？"

个头最大的公鱼鹰说："我和我妻子、孩子每人捉的鱼数，都是两位数。组成这三个两位数的 6 个数字恰好是 6 个连续的自然数，而且每个两位数都可以被各自两个数字之积整除。你说我们各捉了多少条鱼？"

花花兔皱着眉头说："两位数从 10 到 99，一共有 90 个呢！我怎么给你从这么多的两位数中找出三个符合条件的两位数？我们要急着赶路，下次再给你们算吧！拜拜！"花花兔刚想走，三只鱼鹰同时飞起，拦住了花花兔的去路。

公鱼鹰叫道："站住！你既然知道了我们家族的秘密，就必须把答案算出来才能走！否则，我们就把你扔进河里！"

花花兔听说要把她扔进河里，可害怕了。她摆着手说："别，别，我不会游泳！被扔进河里我会淹死的！"

酷酷猴赶紧过来解围："我来算。这个问题最难的是每个两位数都可以被各自两个数字之积整除。这 6 个数字不会太大，通过试验可以知道，15，24，36 符合要求。"

花花兔一听，心里踏实多了，她扬眉吐气地说："没错！15可以被$1 \times 5 = 5$整除，24可以被$2 \times 4 = 8$整除，36可以被$3 \times 6 = 18$整除，全对。咱们走！"

毒蛇挡道

花花兔和酷酷猴离开了鱼鹰，加快步伐往前走。

花花兔越走越高兴：“哈哈！咱俩快走完一圈儿啦！要胜利喽！”

酷酷猴可没有花花兔那样乐观：“不要高兴得太早，后面还不知会出什么事呢！”

酷酷猴的话音未落，许多毒蛇忽然钻出来挡住了酷酷猴他们的去路，其中有眼镜蛇、银环蛇，还有大蟒蛇。

这些毒蛇可把花花兔吓坏了。她蹦起老高，大声叫道：“蛇，蛇，毒蛇！”

酷酷猴也感到奇怪：“哪儿来了这么多毒蛇？”

只听树上有一只黑猩猩叫了一声，群蛇就向酷酷猴和花花兔发起了进攻。

三只黑猩猩站在树枝上，一边蹦，一边叫：“伙计们上啊！抓住酷酷猴、花花兔，我们的头领金刚有奖！”

花花兔大喊一声：“快跑！”

眼看毒蛇就要追上酷酷猴和花花兔了，树上的黑猩猩忽然发出命令："行啦行啦，别追啦！你们该干吗干吗去吧！"毒蛇还真听话，立刻停止了追击。

花花兔惊魂未定地说："吓死我啦！"

这时，黑猩猩也从树上跳了下来。花花兔认出来了："嗨，这不是瘦猴、秃子和红毛吗？"

红毛笑着说："你们不要害怕！这些毒蛇是我们三个养的。"

"真不够朋友，用这些毒蛇来吓唬我们！"花花兔说，"既然咱们是朋友，就让我们俩过去吧！"

秃子站出来说："放你们过去不难，你们要帮我们算一道题。"

听说算题，花花兔可不怕："有我们神算大师酷酷猴在，什么难题也不怕！"

秃子说："我们三人每人都养了 100 条蛇。每人养的蛇都有眼镜蛇、银环蛇和蟒蛇。每人养的三种蛇的数目都是质数，每人养的蟒蛇数都相同，而眼镜蛇和银环蛇的数目各不相同。你们给我算算，我们每人养的三种蛇各多少条？"

花花兔听了直哆嗦："哎呀，一提起这些蛇我就害怕！酷酷猴，你快给他们算算吧！"

酷酷猴说："三个质数之和是 100，其中必然有一个

偶数，2 是偶数中唯一的质数。所以，他们每人必然养了 2 条蟒蛇。”

花花兔对黑猩猩说：“你们好可恨哪！每人养的 100 条蛇中，只有 2 条无毒蛇，余下的 98 条都是毒蛇！”

红毛龇牙一笑：“毒蛇才好玩哪！”

酷酷猴接着往下算：“下面就是把 98 分解成两个质数之和了。98 可以表示成下面两个质数之和：98 = 19 + 79 = 31 + 67 = 37 + 61。”

花花兔知道答案了：“你们听好！答案出来了，你们三人养的三种蛇的数目分别是 2，19，79；2，31，67；2，

37，61。”

酷酷猴说：“题目已经做出来了，你们该让我们走了吧？”

红毛命令毒蛇让出一条路，让花花兔和酷酷猴走了过去。

花花兔远远看见长颈鹿的头了，她知道她和酷酷猴已经绕着森林走完一圈儿，又回到起点了。

眼看就要回到起点了，突然一头大犀牛挡住了去路。

大犀牛凶悍地说：“站住！”

花花兔一看大犀牛挡道，心里这个气呀！花花兔没好气地说：“嘿，你这头大牛长得真奇怪，怎么鼻子上长出一个角？”

大犀牛大眼一瞪：“连大名鼎鼎的犀牛都不认识？我顶你！”

“饶命！”花花兔吓得一蹦跳出去老远。

酷酷猴往前走了一步：“大犀牛，你也出来捣乱！你想怎么着？”

大犀牛往南一指，说：“我是让狒狒兄弟给气的！”

花花兔问：“狒狒兄弟怎么气你了？”

大犀牛说：“你听我说呀！狒狒兄弟四人，他们常跑过来和我玩儿。他们的个头差不多大小。有一次，我问他们多大岁数了，其中一个狒狒说，他们兄弟四人恰好一个比一个大 1 岁；另一个狒狒说，他们四个人的年龄相乘恰好等于 3024，让我算算他们每人有多大。”

花花兔轻蔑地说：“嗨，这还不简单？你找那个看上去最小的狒狒，偷偷问问他有多大，然后你加 1 岁、加 1 岁、再加 1 岁，其他三个狒狒的年龄不就都知道了吗？”

大犀牛听了花花兔的话，气不打一处来：“我要能问出来，还求你干什么！你不想帮忙，还来奚落我？吃我一顶！”说完，低头用独角向花花兔顶去。

酷酷猴深知大犀牛独角的厉害，赶紧出来解围。

“大犀牛，请别生气，我来算！既然四个狒狒年龄相乘恰好等于 3024，我们就从 3024 入手考虑。”酷酷猴赔着笑脸说。

“这怎么考虑啊？”花花兔觉得无从下手。

“既然是相乘的关系，兄弟四人的年龄一定都包含在 3024 中。我们可以先把 3024 分解成质因数的连乘积。”说着，酷酷猴在地上写出了算式：$3024=2\times2\times2\times2\times3\times3\times3\times7$。

大犀牛摇了摇脑袋，问：“分解成 8 个数的连乘积有什么用？”

“既然他们兄弟四人恰好一个比一个大 1 岁，我可以把这 8 个数重新组合。”酷酷猴接着往下写：

$$
\begin{aligned}
3024 &= 2\times2\times2\times2\times3\times3\times3\times7 \\
&= (2\times3)\times7\times(2\times2\times2)\times(3\times3) \\
&= 6\times7\times8\times9
\end{aligned}
$$

“算出来啦！狒狒兄弟的年龄分别是6岁、7岁、8岁、9岁。”花花兔高兴了。

“高，实在是高！”大犀牛心服口服，他握着酷酷猴的手说，“谢谢酷酷猴！”

酷酷猴和花花兔返回原地。

花花兔高兴地说：“我们转了一圈儿回来啦！”

长颈鹿宣布比赛结果：“我宣布：酷酷猴取得最后胜利！”

金刚叹了一口气，说：“唉，我们真没有酷酷猴聪明！我服了！”

知识点解析

奇数与偶数的性质

整数中，能够被2整除的数叫作偶数，不能被2整除的整数叫奇数，也叫单数。故事中，聪明的酷酷猴通过分析发现，三个质数之和是100，根据奇数和偶数的性质：奇数＋奇数＝偶数，偶数＋偶数＝偶数，奇数＋偶数＝奇数，可以知道三个数中一定有一个偶数，2是质数中唯一的偶数，进而可以得出 $100=2+19+79=2+31+67=2+37+61$。

考考你

万科小学五（4）班有49名同学，现在派他们到两个社区参加志愿服务活动，一个社区要求派偶数名同学，请问派去另一个社区的同学是奇数名还是偶数名？为什么？

狮王梅森

雄狮争地

酷酷猴和花花兔一同往家走，一路上边走边聊。

突然，一只鬣狗挡住了他们俩的去路。

鬣狗傲慢地说："二位慢走！我们非洲狮王梅森，听说酷酷猴战胜了黑猩猩的头领金刚，特请智勇双全的酷酷猴和美味可口的花花兔去做客，你们可一定要去！"

花花兔大惊失色："什么？去狮子那儿！我还是美味可口的客人？叫我去送死去呀！"说完，花花兔撒腿就跑。

"花花兔！你上哪儿去呀？"酷酷猴刚要去追，鬣狗一把拉住了酷酷猴。

鬣狗说："兔子可以走，猴子不能走。"

花花兔回过头来，对酷酷猴说："酷酷猴多保重，我先走啦！再见！"说完，一溜烟儿地跑了。

鬣狗带着酷酷猴七转八转，来到一块大石头前。只见一头雄伟漂亮的雄狮蹲在石头上。

鬣狗赶紧向雄狮敬礼："报告狮王梅森，我把酷酷猴请到了。"

狮王梅森冲酷酷猴点了点头，说："欢迎！欢迎！久仰酷酷猴才智超群，今天我能把你请到我的领地，真是三生有幸啊！"

酷酷猴问："不知狮王找我有什么事？"

梅森皱着眉头，叹了一口气，说："我有一个难题想请你帮忙。"

酷酷猴说："狮王尽管说，我能帮忙就一定帮。"

狮王梅森刚要说话，突然左右两边各杀出一头雄狮，左边的雄狮毛色发红，右边的雄狮毛色发黑。

左边的红色雄狮冲着狮王梅森大吼一声："嗷——什么时候分领地？"

右边的黑色雄狮也大吼："嗷——梅森快点分领地！"

狮王梅森发怒了，脖子上的鬃毛向上立起。他吼道："你们好大胆，敢对我狮王下命令！我要教训教训你们两个浑球儿！"说完，嗷的一声向左边的红色雄狮扑去。

狮王梅森和左边的红色雄狮咬在了一起。

狮王梅森叫道："嗷——我咬你头！"

红色雄狮吼道："嗷——我咬你尾！"

右边的黑色雄狮一看打起来了，大吼一声："嗷——咱俩一起斗狮王梅森！"说着，也扑过来助阵。

三头狮子打成了一团。

红黑两头雄狮不是狮王梅森的对手，且战且退，最后战败逃走。

酷酷猴竖起大拇指，称赞说："狮王果然厉害！"

狮王梅森却没因为胜利而高兴："他们俩不会死心的，会引来更强大的雄狮继续和我争夺领地。"

酷酷猴问："你的领地有多大？"

狮王梅森说："我也说不好。这样吧，我带你走一圈儿，你把它画下来。"

狮王梅森带酷酷猴一边走，一边嗅个不停。路上遇到的狮子都起立向狮王梅森敬礼。

酷酷猴问："你怎么知道哪块地是你的领地？"

狮王梅森回答："凡是我的领地，我都留下了自己的气味。"

酷酷猴又问："你是怎么留下自己的气味的？"

"撒尿，或在树上、石头上蹭痒痒，都可以留下气味。"狮王梅森一边说，一边做动作，逗得酷酷猴哈哈直笑。

酷酷猴跟着狮王梅森转了一圈儿，很快就把领地的地图画了出来。

酷酷猴指着地图说："你的领地是由五个同样大小的正方形组成的。"

狮王梅森看着地图想了想，说："你把我的领地分成形状相同、面积一样大的四块吧。"

酷酷猴有点儿糊涂："顶多是你们三头雄狮分，为什么要分成四块呢？"

"嗨！"狮王梅森摇摇头说，"以后你就明白了。"

话音刚落，只听阵阵的狮吼声传来，此起彼伏。酷酷猴循声望去，果然不出狮王梅森所料，两头败走的雄狮带来了一头更健壮的雄狮。

红色雄狮指着狮王梅森说："梅森，我们请来的雄狮绰号'全无敌'！你不是不知道他的厉害，识相点儿，你赶紧把领地分了，我们还给你留一份。不然的话，我们就要把你驱逐出境，让你没有安身之地！”

雄狮“全无敌”不断怒吼，好像随时都要扑过来和狮王梅森决斗。

狮王梅森问：“如何分？”

红色雄狮说：“把你的领地分成面积相等的四块。”

黑色雄狮插话：“不仅面积相等，外形也要一样。”

雄狮“全无敌”也凑热闹：“而且每块土地都要连成一片。”

狮王梅森对酷酷猴说：“这分领地的事，只好请你帮忙了。”

“好说。”酷酷猴拿出刚才分好的地图，说，“分好了！”

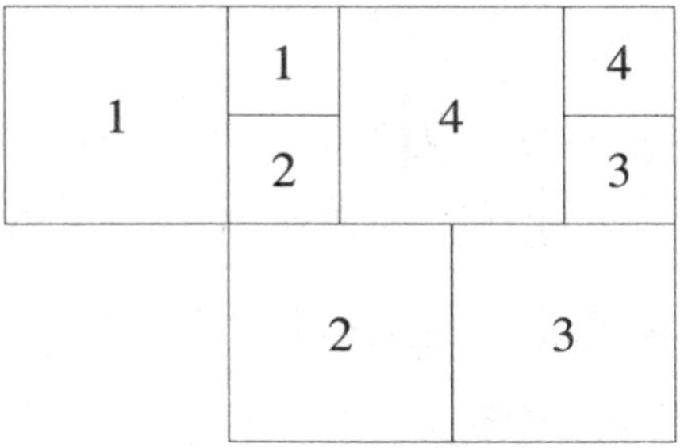

三头雄狮接过地图，开始争着要自己的领地。

红色雄狮嚷道：“我要这块！”

黑色雄狮急红了眼："我要这块！"

雄狮"全无敌"大吼一声："我先挑！不然我把你们都咬死！"

听"全无敌"这么一说，红、黑两头雄狮乖乖地退了出来。"全无敌"挑了一块自己满意的领地，红、黑两头雄狮也各自挑了块领地。

狮王梅森说："为了避免我们之间因争夺领地而互相残杀，我同意把领地划分，现在领地分完了，今后谁也不许侵犯别人的领地！"

众雄狮答应一声："好！"

知识点解析

图形的切拼

故事中，狮王梅森需要将五块同样大小的正方形领地平均分成四份，不仅面积相等，外形也要一样，而且每块土地要连成一片，如何分？可以分成四部分，每个部分由一个大正方形和四分之一的小正方形构成（如下图）。

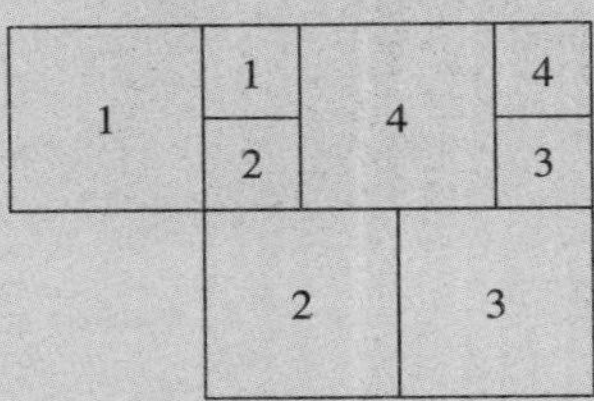

像这样把一个几何图形剪开后拼成另一种满足某种条件的图形，或者把一个几何图形剪成几块形状相同的图形，就叫作图形的切拼。在切拼图形时，需要考虑剪开后各部分的形状、位置及大小，通过分析与尝试得出结果。

考考你

请你将下图分成面积相等，形状相同，且每一块中都含有“我”“爱”“数”“学”四个字的四部分。

数	我	数	学
学	我	爱	爱
爱	数	学	数
爱	我	学	我

追逐比赛

狮王梅森陪着酷酷猴在领地内漫步，一群小狮子在相互追逐。

酷酷猴感到十分奇怪，问狮王梅森："他们为什么互相追咬哇？"

狮王梅森解释："追逐猎物是我们狮子生存的基本条件，狮子从小就要把同伴假想为猎物进行追逐的练习。"

这时，只见一只瞪羚快速跑了过来。

一头母狮小声说："追！"两头母狮立即追了上去。

突然，一头雄狮跑了过来，拦住了母狮的去路。

雄狮大声命令："不许追，那是我的猎物！"两头母狮立刻停住了脚步。

狮王梅森见状，立即跑了过去，站在了这头雄狮的面前。

狮王梅森大声咆哮："你侵犯了我的领地！"

这头雄狮自知理亏："我——跑得太快啦！刹不住了！"

狮王梅森问道："难道你跑得比猎豹还快？"

雄狮很自信地说："我跑得肯定比猎豹、鬣狗都快！"

这时，猎豹和鬣狗从两个不同方向同时出现。

猎豹不屑地说："一只小公狮子也敢吹牛？"

鬣狗大声说："是骡子是马，咱们拉出来遛遛！你敢和我们比试比试吗？"

狮王梅森点点头说："好主意，我建议你们来一次追逐比赛，让酷酷猴当裁判，看看到底谁跑得快。"

鬣狗一听，来了精神："好！让我先和狮子比。"

酷酷猴拿出皮尺，量出 100 米的距离。

酷酷猴说："你们俩同时跑 100 米，看谁先到终点。"

雄狮跺了跺脚，说："我一定先到！"

鬣狗把头向上一仰："我准赢！"

酷酷猴举起右手："预备——跑！"

一声令下，鬣狗和雄狮奋力向前。

结果雄狮领先到达终点。

雄狮得意扬扬："哈哈！我先到了！"

鬣狗垂头丧气地说："累死我了！"

酷酷猴郑重地说："狮子领先鬣狗 10 米到达终点，狮子胜！"

鬣狗不服气地摇摇头："倒霉！我今天状态不好。"

酷酷猴又宣布："下面是狮子和猎豹比赛。预备——跑！"

雄狮和猎豹互不相让，飞一样地跑了起来。

猎豹领先到达了终点。

猎豹高兴地说："哈哈！我赢了！"

雄狮把眼一瞪："我不服！咱们再比！"

酷酷猴做出裁决："我宣布，猎豹领先狮子 10 米到达终点，猎豹取得最后胜利！"

鬣狗跑过来嗷嗷乱叫："不对！不对！我还没和猎豹比赛呢！怎么你就宣布猎豹取得最后胜利呀？"

猎豹志得意满地说："这还用比赛？我领先狮子 10 米，狮子领先你 10 米，咱们俩比赛我肯定领先你 20 米！"

鬣狗把头一歪，坚定地说："我不信猎豹能领先我 20 米！"

对于鬣狗的问题，大家都不知如何回答，都把目光投向了酷酷猴。

酷酷猴镇定地说："猎豹肯定领先，但是领先不了 20 米，只能领先 19 米。"

猎豹忙问："为什么？"

酷酷猴说："我们来算一下：100 米距离，猎豹领先狮子 10 米，狮子的速度是猎豹的 90 %；而同样的距离，

狮子领先鬣狗 10 米，鬣狗的速度是狮子的 90 %。这样鬣狗的速度是猎豹的 90 % × 90 % = 81 %。”

鬣狗忙说：“这么说，猎豹跑 100 米，我能跑 81 米了！”

酷酷猴点点头说：“对！”

雄狮恼羞成怒，瞪大了眼睛说：“你跑得比我快？我吃了你这个小豹子！”

狮王梅森大吼一声：“有我狮王在，谁敢乱来！”

知识点解析

分数解决问题

故事中，狮子的速度是猎豹的90％，鬣狗的速度又是狮子的90％，要求猎豹领先鬣狗多少。这是典型的分数应用题。分数（含百分数）解决问题在小学高年级中占有重要地位：一方面，分数应用题是整数应用题的拓展与延伸；另一方面，分数应用题有自身的解题规律，是各种解题方法的综合。在解决分数应用题时需要认真读懂题目，仔细找准单位“1”和数量关系，再列式解答。

考考你

小明家六月份用电100千瓦时，七月份比六月份多用了20％，八月份比七月份多用了20％，小明家八月份比六月份多用电多少千瓦时？

智斗公牛

突然，一阵哀号声打断了众人的争吵。只见一头母狮一瘸一拐地走来——她负伤了。

狮王梅森跑过去，关切地问："你怎么伤得这么厉害？"

母狮说："我发现了一头小公牛，正迅速靠近，眼看我就要抓住小公牛了。"

狮王梅森着急地追问："后来怎么样？"

母狮说："谁知侧面忽然杀出一头大公牛。大公牛用尖角把我顶伤了。大公牛还说，就是狮王来了也照样把他顶翻在地！"

狮王梅森大怒："可恨的大公牛，竟敢口出狂言，顶伤我的爱妻，我找他算账去！"说完，朝出事地点狂奔而去。

狮王梅森很快追上了大公牛，怒吼道："大胆狂徒，给我站住！"

大公牛迅速回过身来，做好迎击的准备。狮王梅森和大公牛怒目而视。

一旁的小牛依偎在大公牛的身边，小声说：“爸爸，我害怕！”

大公牛满不在乎地说：“有我在，狮王也没有什么可怕的！”

大公牛的话有如火上浇油，气得狮王梅森鬃毛全立。梅森大吼一声：“拿命来！”张着血盆大口向大公牛扑去。

大公牛也不示弱，低下头，两只角像两把利剑向狮王梅森刺去。一时狮吼牛叫，狮王梅森和大公牛打在了一起。

突然，狮王梅森绕到了大公牛的背后，跳起来一口咬住了他的后脖颈。

狮王梅森从鼻子里挤出一句话：“你的死期到了！”

大公牛疼得哇哇乱叫。大公牛忽然把牛眼一瞪，用力一甩头，大叫一声：“去！”把梅森甩到了半空。

狮王梅森在半空中腿脚乱蹬，接着就咚的一声，重重地摔到了地上。

大家急忙跑过去把狮王梅森扶了起来。

狮王梅森忙问酷酷猴：“你能帮助我治服大公牛吗？”

酷酷猴问：“大公牛有什么特点吗？”

狮王梅森想了一下，说：“他看见新鲜事特别喜欢琢磨，一琢磨起来可以把周围别的事情都忘了。”

酷酷猴趴在梅森的耳朵边，小声说：“你可以这样、这样……但是有一条，你不许杀死大公牛！”梅森点头答应。

过了一会儿，只见酷酷猴把一张狮王的头像挂在了树上，头像下面写着一行字：

狮王的这张头像中有多少不同的正方形？只有聪明人才能数出来。

大公牛看到这张头像，立刻来了兴趣，他认真思考着：“这里有多少正方形呢？1个、2个……”

酷酷猴看到时机已到，对狮王梅森说：“上！”狮王梅森飞也似的冲向了公牛。

大公牛数方格数上了瘾，根本没注意到形势的危急。

狮王梅森跳起来咬住了大公牛的脖子，但大公牛还在数正方形。

狮王梅森趴在大公牛的背上，问："你服不服？"

大公牛好像没听见，"4个、5个……"继续数正方形。

大公牛这种漠然的态度激怒了狮王梅森，他嗷的一声狂叫，向下一用力，扑通一声把大公牛按倒在地上。

酷酷猴赶紧跑过来，喊："停！停！"

大公牛倒在地上，嘴里还在继续数着："8个、9个……"

狮王梅森张嘴咬住了大公牛的喉咙。酷酷猴一看，着急了，大喊："停！不许咬死大公牛！"

这时，大公牛躺在地上说出了答案："我数出来了，一共有9个正方形。"

酷酷猴为大公牛这种执着的精神所感动，他对大公牛说："不对，是11个正方形。虽然你数得不对，可是你的精神可嘉！"

大公牛不明白："我为什么数得不对？"

"数这种大正方形套小正方形的图形，最容易重复数或者数漏。"酷酷猴连说带画，"为了不重数、不漏数，应该把它们分成大、中、小三种正方形分别来数。"

“你看。”酷酷猴指着图说，“小正方形有 5 个，中正方形也有 5 个，而大正方形只有 1 个，合起来一共是 11 个。”

“对！还是把正方形分成几类，数起来清楚。”大公牛回过头来，狠狠地瞪了狮王梅森一眼，“哼，趁我数正方形的时候攻击我，算什么本事！否则，你狮王是斗不过我的！”说完，大公牛愤然离去。

狮王战败

经过一番较量，狮王梅森越发佩服酷酷猴的聪明。他对酷酷猴说："我要变聪明一些，有什么诀窍吗？"

酷酷猴严肃地说："只有学习，随时随地地学习。"酷酷猴转身，看到地上有许多蚂蚁正在搬运一只死鸟。

酷酷猴指着蚂蚁说："你算算这里一共有多少蚂蚁？"

"这个好办。我问问他们就知道了。"狮王梅森低下头，问，"喂，小蚂蚁，你们一共有多少只呀？"

一只蚂蚁抬头看了看狮王梅森，说："有多少只我可说不好，只知道这只死鸟被我们的一只蚂蚁发现了，他立刻回窝里找来了 10 只蚂蚁。"

另一只蚂蚁接着说："可是这 11 只蚂蚁拉不动这只死鸟，于是每只蚂蚁又回窝找来 10 只，仍然拉不动。每只蚂蚁又回窝找来 10 只，拉起来还是很费劲。第四次搬救兵，每只蚂蚁又回窝找来 10 只，这才搬动了。"

狮王梅森听完这一串数字，捂着脑袋一屁股坐到了地上："每次每只蚂蚁都找来 10 只蚂蚁，这么乱，可怎么算哪？”

一头母狮看到狮王梅森着急，赶紧跑过来安慰：“您是伟大的狮王，难道连小小的蚂蚁也对付不了？”

狮王梅森一听，觉得母狮说得有理，他立刻站起来，又端起狮王的架子：“说得也是，我狮王想知道的事，还能不知道？酷酷猴快告诉我怎么算。”

酷酷猴看狮王梅森真的想学，就说：“蚂蚁第一次回窝搬救兵一共回来了 $1+10=11$（只），第二次一共回来了 $11+10\times11=121$（只），以后的几次你自己算吧！”

“我会了！”狮王梅森当然也不是笨蛋，他接着算，“第三次一共回来了 $121+10\times121=1331$（只），第四次一共回来了 $1331+10\times1331=14641$（只）”

酷酷猴说：“其实，用每次回窝的蚂蚁数乘以 11，就等于这次一起回来的蚂蚁数。”

狮王梅森摇摇头：“乖乖，一万四千多只蚂蚁才能搬动一只小鸟，我狮王动一下手指头，就能让小鸟飞出 20 米远！”说着，梅森用前掌轻轻一弹，死鸟就飞了出去。

这一下蚂蚁可急了：“哎，我们费了很大的劲儿才从那边搬过来，你怎么给弹回去了？”

狮王梅森眼睛一瞪，吼道：“弹没了又怎么样？”

一只蚂蚁说：“狮王梅森不讲理，走，我们回窝搬救兵去！治治这个狮王！”

其他蚂蚁也十分生气：“对，搬救兵去！让他知道知道我们蚂蚁的厉害！”

不一会儿，大批蚂蚁排着整齐的队伍朝这边拥来，一眼望不到头。

梅森还是有些自负：“我堂堂的狮王难道怕这些小小的蚂蚁不成？哼！”

众蚂蚁在蚁后的指挥下，向狮王梅森发起进攻，蚁后大叫：“孩儿们，上！”

梅森也不示弱，张开血盆大口猛咬蚂蚁：“嗷——嗷——怎么咬不着啊？”

不一会儿，蚂蚁爬满了梅森的全身，咬得梅森满地打滚儿。

梅森痛苦地叫道：“疼死我了！我有劲儿没处使呀！”

酷酷猴一看情况不好，赶紧跑过去向蚁后求情。

酷酷猴说：“我是狮王梅森的朋友，狮王不该口出狂言，我代表他向你赔礼道歉！”

蚁后也是见好就收，她命令：“孩儿们停止吧！”然后她对梅森说：“狮王，你要记住，我们每只蚂蚁虽然很渺小，但是人多力量大，我们全体出击，可以战胜任何敌人！”

梅森喘了一口气，问蚁后："你这一窝蚂蚁共有多少只？"

蚁后说："有 $4\times4\times8\times125\times25\times25$（只），自己算算吧！"

梅森想了想："我来做个乘法。"

酷酷猴说："不用做乘法。可以这样做，把 4 和 8 都分解成 2 的连乘积，把 125 和 25 都分解成 5 的连乘积：$4\times4\times8\times125\times25\times25=(2\times2)\times(2\times2)\times(2\times2\times2)\times(5\times5\times5)\times(5\times5)\times(5\times5)=(2\times5)\times(2\times5)\times(2\times5)\times(2\times5)\times(2\times5)\times(2\times5)\times(2\times5)=10\times10\times10\times10\times10\times10\times10=10000000$（只）。"

"这么多零啊！"梅森瞪大眼睛问，"1 后面跟着 7 个零，这是多少啊？"

酷酷猴回答："一千万只蚂蚁！"

梅森捂着脑袋，说："我一个狮王哪斗得过一千万只蚂蚁！"

训练幼狮

“嗷——”“嗷——”几头小狮子在草地上互相撕咬，就像撕咬猎物一样。酷酷猴怕他们受伤，跑过来想劝开他们。

酷酷猴说：“大家都是兄弟，不要打架。”

几头小狮子不识好歹，转过头都来咬酷酷猴，吓得酷酷猴撒腿就跑。

“嗷——”小狮子猛追过来。

酷酷猴忙跑到狮王梅森面前，大喊：“狮王救命！”

梅森对小狮子吼道：“不得对客人无理！”小狮子乖乖地停住了脚步。

酷酷猴问：“他们在打架，我好意去劝开，没想到他们不知好歹！”

梅森笑了，解释说：“不，他们在练习格斗，这是小狮子必练的功课。”

狮王梅森叫来四头小狮子，对他们说：“小勇、小毅、小胖、小黑，你们四个采取循环赛的方式，进行格斗比赛，给我的客人露一手。”

一头小狮子问："大王，什么叫作循环赛？"

梅森说："四头狮子的循环赛制，就是每一头狮子都要和其余的三头狮子各斗一场。现在开始！"

四头小狮子答应声："是！"就两两一对咬在了一起。

"嗷——"

"嗷——"

撕咬了一阵子，狮王梅森喊："停！"

梅森问一头小狮子："小黑，你胜了几场？"

小黑气喘吁吁地说："胜几场？我都斗糊涂了。我只知道小勇胜了我，而小勇、小毅、小胖胜的场数相同，我也不知道我胜了几场。"

梅森不满意："一笔糊涂账！还是请聪明的酷酷猴给算算吧！"

酷酷猴见推辞不了，就开始计算："四头小狮子循环赛一共要赛六场。由于小勇、小毅、小胖胜的场数相同，所以这三头小狮子或各胜一场，或各胜两场。"

一头小狮子问："怎么才能知道这三头小狮子是各胜一场，还是各胜两场？"

"你的问题提得好！"酷酷猴解释说，"如果这三头小狮子各胜一场，那么剩下的三场都是小黑胜了，也就是小黑三场全胜。可是小黑败给了小勇，说明这三头小狮子不是各胜一场，而是各胜了两场。”

小黑着急了，忙问：“我究竟胜了几场啊？”

酷酷猴冲小黑一笑：“你胜了0场！”

小黑不明白：“我胜0场是怎么回事？”

小勇抢白说：“你胜了0场就是一场没胜，都败了呗！哈哈！”

小黑低下头，觉得很没面子。

酷酷猴走到小黑的跟前，安慰说：“不要灰心，下次努力！”

这时，一头独眼雄狮走进了狮王梅森的领地，梅森大吼一声冲了过去，愤怒地说：“你侵犯了我的领地，赶紧出去，不然我咬死你！”说完，就要扑上去。

独眼雄狮并不害怕：“狮王不要动怒，我是来考查四头小狮子的。刚才我看到他们骁勇善斗，想再考查他们的智力如何。”

梅森发现独眼雄狮不是来侵占领地的，态度也有所缓和：“你想怎样考查？”

独眼雄狮拿出6张圆片，上面分别写着1、1、2、2、3、3。

独眼雄狮对四头小狮子说：“谁能把这6个数摆成一排，使得1和1之间有1个数字，2和2之间有2个数字，

3 和 3 之间有 3 个数字？”

梅森问：“你们谁会摆这些数？”除小黑外其余三头小公狮子都摇头。

独眼雄狮哈哈大笑：“你们是一群只会打斗的傻小狮子，长大了也不会有什么出息……”独眼雄狮把后半句话咽了回去。“将来狮王梅森一死，这块领地就是我的了！”他在心里念叨着。

酷酷猴趴在小黑的耳朵上，小声说：“你这样、这样……”

小黑点点头：“好，我明白啦！”

小黑站了出来：“你不要高兴得过早！我不但能给

你摆出来，还能摆出两种！”说完，他用圆片首先摆出了312132，接着又摆出231213。

小黑说：“你看，1和1之间有一个数字2，2和2之间有1、3两个数字，3和3之间有1、2、1三个数字，符合你的要求吧？”

“啊！”独眼雄狮非常吃惊，半晌说不出话来。

送来的礼物

小狮子小黑取得了胜利，可是狮王梅森还是一脸发愁的样子。

酷酷猴问："小黑取得了胜利，你为什么还发愁？"

"嗨！"梅森叹了一口气，"那头独眼雄狮是不会甘心的，他还会来的。"

果然不出梅森所料，没过多久，独眼雄狮又来了。

独眼雄狮对梅森说："狮王，我有一只活的瞪羚想送给四头小狮子吃，你看怎样？"

梅森知道独眼雄狮不怀好意："白白送瞪羚，恐怕没有那么好的事吧？"

独眼雄狮先是嘿嘿一笑："我只是想做个小游戏，小狮子请跟我来。"

独眼雄狮在地上画出一个 3×3 的方格，每个点上都标有数字（见下页图）。

独眼雄狮说："13 号位有一只瞪羚，我让一头小狮子站在 7 号位。小狮子沿着这些小正方形的边去捉瞪羚，

而瞪羚也沿着小正方形的边逃跑。每次都必须走，每次只能走一格。”

梅森问：“瞪羚和小狮子，谁先走呢？”

独眼雄狮说：“由于小狮子是捕猎的一方，当然是小狮子先走。如果 10 步之内能够捉住瞪羚，这只瞪羚就归他们享用了。”

梅森又问：“如果 10 步之内捉不到呢？”

独眼雄狮把独眼一瞪，叫道：“捉不到的这头小狮子必须捉来两只瞪羚赔我！”

“我先来！送到嘴的美食，岂能不要！”小狮子小勇自告奋勇站到了 7 号位。

小勇说："我从7号位跑到11号位。"

瞪羚说："我从13号位逃到9号位。"

"嘿，你跑到9号位了？"小勇说，"我从11号位追到10号位，看你往哪儿逃？"

瞪羚迅速从9号位逃到5号位："我逃到5号位，你还是捉不着！"

"我从10号位追到6号位，你没处跑了吧？"

"我再退回到9号位。你还是捉不着！气死你！"

"我再追回到10号位。"

"我也再逃到5号位，你就是捉不着！"

"追！追！追！气死我了！"

"逃！逃！逃！气死活该！"

独眼雄狮把手一举，叫道："停！10步已到，这只小狮子没捉到瞪羚，捕猎失败，要赔我两只瞪羚！"

狮王梅森气得大吼一声："小勇太不争气了！"

酷酷猴悄悄地把小狮子小黑叫到一边，趴在他耳朵上小声说道："你只要先绕一个小圈儿，就一定能够捉住瞪羚。"

小黑点点头说："好，我去试试！"

独眼雄狮高兴地点点头："又一个想赔我两只瞪羚的，好，好！小狮子，你也站到7号位，瞪羚还站在13号位。

开始！”

小黑说：“我从 7 号位追到 4 号位。”

小黑这一追可把瞪羚追糊涂了，瞪羚说：“奇怪了，他怎么越追越远哪？我怎么办？我往哪儿走？干脆，我先从 13 号位走到 14 号位，看看情况再说。”说完就跑到 14 号位。

小黑不慌不忙地又连追了两步：“我追到 8 号位，再从 8 号位追到 7 号位。”

瞪羚更糊涂了：“这头小狮子肯定有毛病，转了一圈儿，又回去 7 号位。我从 14 号位跑到 15 号位，再跑到 16 号位。”这时，瞪羚跑到了右下角。

小黑又开始追击：“我从 7 号位追到 8 号位，再追到 12 号位。”小黑直逼瞪羚。

瞪羚一看不好，赶紧往左边跑：“我从 16 号位先逃到 15 号位，再逃到 14 号位。”

此时小黑可是步步紧逼：“我追到 11 号位，再追到 10 号位。”

“我先逃到 13 号位。”但是瞪羚很快发现自己跑进了死角，下一步不管是跑到 9 号位，还是 14 号位，都将被捉住。

瞪羚说：“坏了，我跑不掉了！只好跑到 9 号位了。”

小黑立刻从 10 号位扑向 9 号位，捉住了瞪羚。

小狮子高兴得又蹦又跳："噢，我们胜利喽！小黑在 10 步之内捉住瞪羚喽！"

这一切都被独眼雄狮看在眼里，他自言自语地说："看来，想得到狮王梅森的这块领地，必须先除掉那只给他出主意的酷酷猴！"

"后会有期！"独眼雄狮说完，掉头就走。

独眼雄狮有请

几天后的一个清晨，一头陌生的小狮子向狮王梅森的领地飞奔而来。

狮王梅森保持高度警惕，喝问：“你是谁家的孩子？跑到我的领地来干什么？”

小狮子立即停住了脚步，先向梅森敬礼：“向狮王致敬！”又拿出一封信递给梅森，“独眼雄狮让我给您送一封信。”

“他给我写信？”梅森心里十分疑惑。他打开信，只见上面写道：

尊敬的狮王梅森：

我想请您尊贵的客人——酷酷猴来我的领地做客，让他调教一下我的孩子。您不会拒绝吧？

独眼雄狮　跪拜

狮王拿着这封信十分犹疑，面露难色。

酷酷猴不知发生了什么事，跑过来问：“狮王，出什么事啦？”

梅森拿着信，说：“独眼雄狮请你到他的领地去做客。”

“他请我还有什么好事？”酷酷猴摇摇头，“我不去！”

梅森解释说：“按照我们狮子的规矩，有人请，就不能不去。”

“还有这种规矩？”酷酷猴无可奈何地说，“为了不破坏你们狮子的规矩，我只好去啦！”

梅森把胸脯一挺，说：“你放心！如果独眼雄狮敢动你一根毫毛，我定把他碎尸万段！”

酷酷猴告别了狮王梅森，独自一人前往独眼雄狮的领地。一跨进独眼雄狮的领地，一头小狮子就迎面跑来。

小狮子见到酷酷猴，忙说：“欢迎聪明的酷酷猴！我赶紧回去告诉独眼雄狮。”说完，立刻往回跑。

酷酷猴笑了笑：“接待规格不低呀，还有专人迎接。”

伴随着一声低沉的吼声，独眼雄狮正向这边走来。

酷酷猴和独眼雄狮又见了面。

独眼雄狮眼盯住酷酷猴：“欢迎你来帮助我们增长智慧。我先要请教一个问题。”

“请问吧！”

独眼雄狮说：“从狮王梅森的领地到我的领地，距离是10千米。你来我这儿的速度我测量过，是4千米/小时，我去迎接你的速度是6千米/小时。迎接你的那头小狮子跑得快，他的速度是10千米/小时。”

“不知你想问什么？”酷酷猴有点儿等不及。

独眼雄狮并不着急，慢条斯理地说：“假设你、我和小狮子是同时出发的，小狮子跑得比我快，他最先遇到你。遇到你以后他又跑回来告诉我，告诉我之后又回去迎接你。小狮子就这样来回奔跑在你我之间。请问，当我们俩相遇时，小狮子一共跑了多少千米的路？”

酷酷猴对独眼雄狮出的问题有点儿吃惊：“哎呀！我说独眼雄狮呀，我一进你的领地，你就给我来个下马威呀！”

独眼雄狮嘿嘿一笑：“聪明过人的酷酷猴，不会连这么简单的问题都不会解吧？”

酷酷猴也嘻嘻一笑：“这个问题的确不难。你、我、小狮子都是按照自己的速度运动。你和我从出发到见面共用了 $10 \div (6+4)=1$（小时），而在这1小时中，小狮子在不停地跑动，共跑了 $10 \times 1=10$（千米）。小狮子一共跑了10千米。”

独眼雄狮说：“酷酷猴果然聪明过人，请吃刚捕到的瞪羚。”独眼雄狮立刻命两头母狮抬上了一只瞪羚。

酷酷猴看着瞪羚，皱了皱眉头：“对不起，我吃素。”

听说酷酷猴不吃，几头狮子和鬣狗嗷的一声扑了上来，抢食瞪羚，眨眼间只剩下一堆骨头。几只秃鹫在半空中盘旋，等待着啄食骨头上的剩肉。

酷酷猴提了一个问题：“你这儿是狮子的领地，怎么会有这么多的鬣狗？”

独眼雄狮神秘地对酷酷猴说：“这是一个秘密，他们是我请来共同进行军事演习的。”

酷酷猴十分警惕，忙问：“你为什么要搞军事演习？都是些什么人参加？”

“嘿嘿！”独眼雄狮先是神秘一笑，然后才小声说，“这可是天大的军事秘密，我只告诉你一个人。参加的人员除了狮子还有鬣狗。”

酷酷猴又问：“一共有多少人参加？”

独眼雄狮想了想，说：“昨天全体人员参加了一次偷袭捕猎活动，出发前排成了一个长方形队列，回来后只排成了一个正方形队列。”

“长方形队列和正方形队列，这有什么不同？”酷酷猴不明白。

“当然不同了。”独眼雄狮解释说，“正方形的一边和长方形的短边一样长，但是比长边要少四个人。”

“为什么会少了那么多人？”

独眼雄狮摇摇头说：“咳，别提了！有 20 只鬣狗嫌分给他们的猎物少，溜了！”他一抬头，接着说：“酷酷猴，你给我算一下，我现在手下还有多少人？”

“这个不难算。”酷酷猴边说边算，“我先画个图，设正方形每边有 x 人，这时长方形长边为 $x+4$。由于长方形比正方形多出 20 个人，所以可以列出方程：

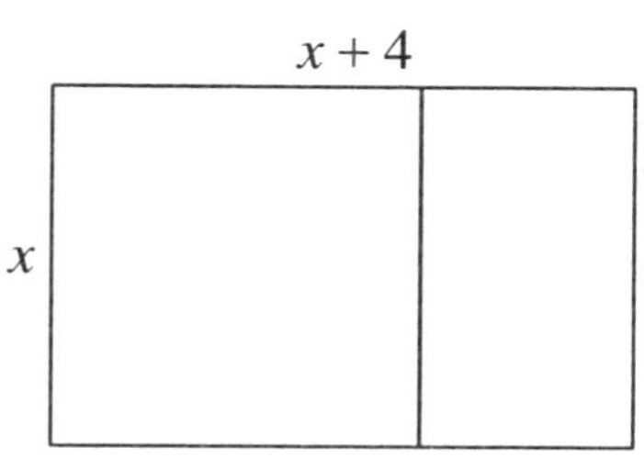

$$(x+4)x-x^2=20$$

$$(x^2+4x)-x^2=20$$

$$4x=20$$

$$x=5，x^2=25$$

你现在手下还有 25 个人。”

独眼雄狮高兴地说：“好！我还有一支由 25 只狮子和鬣狗组成的精锐部队，够用了！”

正说着，小狮子小黑慌慌张张地跑来了，大声叫道："酷酷猴，不好啦！狮王梅森中毒了，你马上回来吧！"

"啊！"酷酷猴听罢，吓出一身冷汗。

知识点解析

相遇问题

独眼雄狮给酷酷猴出的这道题目属于行程问题中的相遇问题。相遇问题的基本特点是：两个物体相向运动，经过一段时间，必然会在途中相遇。相遇问题中的数量关系：路程 = 速度和 × 相遇时间；速度和 = 路程 ÷ 相遇时间；相遇时间 = 路程 ÷ 速度和。解答相遇问题可适当选择画图、假设、比较等方法。

考考你

A、B 两地相距 700 千米，甲乙两人驾车分别从 A、B 两地同时驶出，甲每小时行驶 78 千米，乙每小时行驶 62 千米，两车相遇后继续前行，几小时后两车相距 70 千米？

变幻莫测

酷酷猴着急地对独眼雄狮说："狮王梅森叫我，我要马上回去。"

独眼雄狮把独眼一瞪，咬着牙根说："嘿嘿，你既然来了，就回不去了。来人，给我把酷酷猴捆起来！"

两只鬣狗将酷酷猴五花大绑，捆了个结实。

酷酷猴气愤地说："我是你请来的客人！你怎么能这样对待我？"

独眼雄狮十分得意："不把你请来，我怎么去占领狮王梅森的领地呀！"

说完，独眼雄狮立刻向狮子和鬣狗下令："大家赶紧做准备，明天一早就向狮王梅森的领地发动进攻！"

狮子和鬣狗齐声答应："是！"

酷酷猴心里想：狮王梅森中了毒，其余狮子没人指挥，肯定经不住独眼雄狮的进攻。我得想办法逃回去！酷酷猴琢磨着该如何逃走。

这时，一头雌狮向独眼雄狮报告："报告独眼大王，我活捉了一只小角马。"

酷酷猴心里说："原来独眼雄狮在他的领地里被称作独眼大王。"

独眼雄狮吩咐："捆起来和酷酷猴放在一起，晚上我们一起吃了，明天好有力气攻打狮王梅森！"

酷酷猴见小角马非常悲伤，就小声对小角马说："咱们不能在这儿等死,你把捆我的绳子咬断,咱俩一起逃吧！"

小角马用力点了点头："好！"

小角马的牙还是挺厉害的，只啃了几口，就把捆酷酷猴的绳子啃断了。酷酷猴又解开捆小角马的绳子。

小角马对酷酷猴说："快骑到我的背上，我跑得快！"酷酷猴点点头，骑上小角马飞奔而去。

一只放哨的鬣狗发现了，赶紧跑去向独眼雄狮报告："独眼大王，不好啦！酷酷猴骑着小角马逃跑了！"

"啊！"独眼雄狮大吃一惊，忙下令，"给我全体出动，快追！"但是已经来不及了，小角马驮着酷酷猴很快就跑进了狮王梅森的领地。

酷酷猴见到了中毒的狮王梅森。

梅森躺在床上，有气无力地说："我是吃了独眼雄狮进贡来的角马肉中毒的。"

酷酷猴紧握双拳，愤愤地说："独眼雄狮是有预谋的，他们要来进攻了。”

听说独眼雄狮要来进攻，梅森忙问：“他们要来多少人？什么时候发动进攻？”

酷酷猴说：“独眼雄狮调集了25只狮子和鬣狗，明天一早就来进攻！”

“唉！”梅森十分着急，“我这儿许多狮子都中毒了，能参加战斗的只有12头，偏偏我也中毒了！”

酷酷猴安慰梅森：“狮王，你放心，我来指挥这场保卫战！”

梅森紧握着酷酷猴的手，激动地说：“太好了！有你指挥，我就放心了！”

梅森大声发布命令：“我以狮王的身份发布命令：大家今后都要听从酷酷猴的指挥！有敢违反者，以军法论处！”

全体狮子异口同声地答道：“遵命！”

酷酷猴对群狮说：“只要独眼雄狮捉不到狮王梅森，他们就不能算占领狮王的领地，所以大家一定要保护好狮王。现在我们要动手修筑一个方形的土城，把狮王放到土城里保护起来。”

众狮群情激奋，高呼：“誓死保卫狮王梅森！”大家一起动手，很快把方形土城修好了。

第二天一早，独眼雄狮率兵前来进攻。

一只探子鬣狗跑回队伍向独眼雄狮报告："报告独眼大王，他们修筑了一座土城，把狮王梅森放到土城里保护起来了。"

独眼雄狮点点头说："这一定是酷酷猴的主意。他怕我擒贼先擒王啊！"

独眼雄狮往前走了几步："让我来看看，他们还有多少头没中毒的狮子。每边只有 3 头，一共才有 12 头（见下图），还不到咱们的一半。准备进攻！"

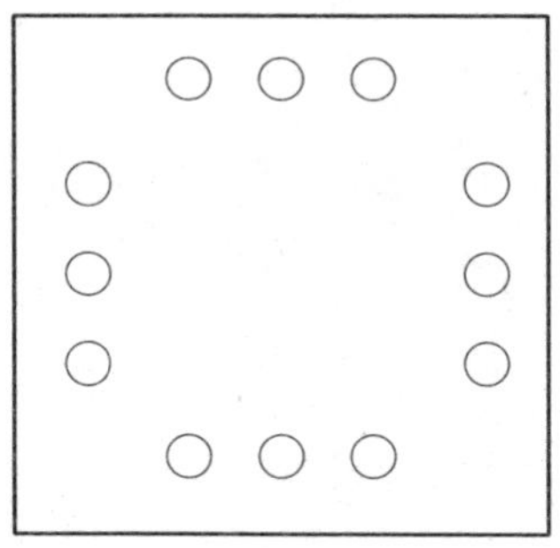

当！当！当！随着酷酷猴敲的一阵锣声，城上每边的狮子数忽然增多了。

鬣狗指着土城说："独眼大王，你快看，每边不是 3 头而是 4 头了！"

独眼雄狮定睛一看："啊，怎么一眨眼工夫，每边就

变成 4 头狮子啦？”

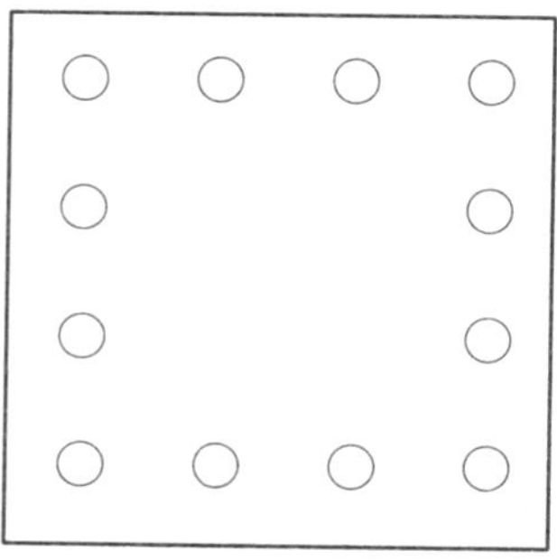

鬣狗说：“这样一来，他们的总数可就变成 16 头了！”

当！当！当！酷酷猴又敲锣了。

鬣狗忙说：“独眼大王快看，他们每边狮子数又增加了！”

独眼雄狮又数了一遍每边的狮子数："啊！一眨眼的工夫，每边由 4 头增加到了 5 头，这也太可怕了！"

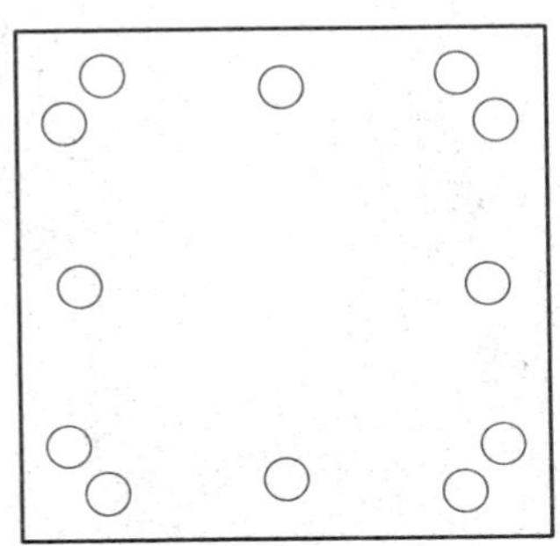

鬣狗问："独眼大王，咱们还进攻吗？"

独眼雄狮沉思了片刻："这个酷酷猴有魔法，趁他还没敲锣，咱们快跑吧！"

小狮子小黑把刚才发生的一切，汇报给了狮王梅森。

梅森问酷酷猴："酷酷猴，你真有魔法吗？"

酷酷猴笑着说："我哪有什么魔法！我只是不断把边上的士兵调到角上，角上的士兵一个顶两个用。因此，好像每边的狮子数在不断地增加，其实总数一直没变，还是 12 头。"

梅森一竖大拇指："好！再狡猾的独眼雄狮，也斗不过我们聪明的酷酷猴哇！"

"哈哈！"群狮大笑。

寻求援兵

狮王梅森对酷酷猴说："根据我的经验，独眼雄狮绝不会善罢甘休，他一定会卷土重来的。"

酷酷猴问："那怎么办？"

梅森说："你这种变换人数的方法，独眼雄狮很快就会识破。我们的狮子数少，我又中毒了，全身无力，你必须和小狮子小黑去寻求援兵，而且越快越好！"

酷酷猴安慰梅森："狮王，你安心养病，我一定完成任务！"

酷酷猴找到了小狮子小黑："咱俩先去哪儿搬救兵？"

小黑说："先去找猎豹，猎豹跑得最快，打起仗来是把好手。"小黑一路走，眼睛不断往高处看。

"你找猎豹，为什么总往高处看？"酷酷猴不明白。

小黑说："猎豹经常趴在高处休息。"

果然，酷酷猴看到两只猎豹正趴在高坡上，猎豹身上漂亮的花纹十分醒目。

小黑冲猎豹叫道："喂，猎豹，请下来，我找你们有话说。”

猎豹一脸不高兴的样子：“我们哥儿俩正做题呢！做不出来是不会下去的！”

小黑着急地说：“狮王梅森中毒啦！独眼雄狮要来抢占我们的领地，我是来请你们帮忙的。”

猎豹犹疑了一下：“这样吧，你要是能把这道题做出来，我们就去帮忙！”

“成！”小黑一听是解题就高兴了，他知道酷酷猴是解题能手。

猎豹把题目从高坡上扔下来。小黑捡起来一看，题目是：

把从 1 到 9 这九个数，填进下面的 9 个圆圈里，使得 3 个等式都成立。

○+○=○

○−○=○

○×○=○

小黑摇了摇头：“我一看这玩意儿就晕，酷酷猴，还是你来做吧！”

酷酷猴并没有去接题，他对小黑说："其实你也很聪明，你完全有能力把它解出来。你试试看！"

小黑皱着眉头，看了半天题："我先做加法？"

酷酷猴说："不错，加法做起来最容易，可是你做容易的计算时，把有些重要的数给用了，做最难的乘法时怎么办？"

小黑想了想："照你这么说，我应该先做乘法。从1到9能组成的乘法式子只有两个：$2\times3=6$，$2\times4=8$。我先选定乘法运算$2\times3=6$试试。剩下1，4，5，7，8，9这六个数，再考虑加法运算：$1+4=5$，$1+7=8$，$4+5=9$。"

"分析得很好！"酷酷猴在一旁鼓励，"继续往下做。"

小黑也来精神了："我选定加法运算$1+4=5$，这时只剩下7，8，9这三个数。这三个数显然不能组成一个减法等式，因为任何两个数相减，都不会得第三个数。"

酷酷猴说："不妨再换一组加法运算试试。"

小黑点点头："我选$1+7=8$，剩下4，5，9，这是能够组成一个减法等式的，$9-5=4$。当我选$4+5=9$时，剩下的1，7，8也可以组成一个减法等式$8-7=1$。"

小黑高兴地说："好哇，我至少可以做出两组答案啦！一组是①+⑦=⑧，⑨-⑤=④，②×③=⑥。另一组是④+⑤=⑨，⑧-⑦=①，②×③=⑥。"

猎豹看到小黑把题做出来了，就对小黑说：“你们先走，我们俩过一会儿就去！”

酷酷猴问小黑：“咱俩再去找谁？”

“大象！”小黑说，“大草原上人人都怕大象！大象的大鼻子一甩，不管是狮子还是鬣狗，都飞上了天！”

酷酷猴吐了一下舌头：“如果甩我一下，我还不得上宇宙去呀！”

小黑带着酷酷猴，很快就找到了一群大象。

小黑忙说：“狮王梅森请大象帮忙！”

为首的大象说：“我和狮王梅森是好朋友，朋友有难，理应帮忙。不过我们有一个问题一直没解决，心里总不踏实。”

小黑说：“这不要紧，聪明的酷酷猴是解决难题的专家。你说说看。”

大象说：“我特别爱喝酒。我只有 3 只装酒的桶，大桶可以装 6 升，中桶可以装 4 升，小桶可以装 3 升。”大象停顿了一下，又说：“真不好意思，在我的影响下，后来我的老婆和儿子也喝上酒了。现在我只有一桶 6 升的酒，老婆非要 5 升，儿子也要 1 升，我用这 3 只桶怎么分？”

酷酷猴说：“这样办。你先把 6 升的酒倒满中桶，这时大桶中还有 2 升的酒。再把中桶的 4 升酒倒满小桶。由于小桶只能装 3 升，这时中桶里还剩下 1 升。最后把小桶的酒再倒回大桶，大桶里就是5升了。你把大桶给你老婆，把中桶给你儿子，就行了。”

大象听了，称赞道：“这办法真棒！”

酷酷猴说：“棒是棒，可是你没有酒喝了。”

这时，小狮子小勇急匆匆跑来。

小勇擦了一把头上的汗，说：“独眼雄狮开始行动了，狮王让你们带着援兵赶紧回去！”

酷酷猴意识到事态严重，一挥手，说：“大家跟我走！”马上带领大象、猎豹急速往回赶。

知识点解析

分油问题

故事中，大象说有三只酒桶，分别可以装6升、4升、3升，现在只有6升酒，需要分出5升和1升。这是常见的分油问题，如何找出步骤最少的方法，分出需要的油量呢？由于没有刻度，所以每次需要倒空或倒满。先将4升的酒桶倒满（此时三只桶装酒升数分别为2，4，0），再把它倒满3升的桶（此时三只桶装酒升数分别为2，1，3），最后将3升的酒倒入6升的桶中（此时三只桶装酒升数分别为5，1，0）。

考考你

有三个容器的容量分别是12斤、9斤、5斤，现在其中一个容器装有油12斤，如何利用这三个容器分出4斤和8斤呢？

立体战争

独眼雄狮败回到自己的领地之后，也一直在和鬣狗商量如何找到更多的帮手，再次进攻狮王梅森的领地。

独眼雄狮的独眼闪着凶光："这次多找点儿帮手，一定要拿下狮王梅森！"

鬣狗谄媚地说："拿下狮王梅森，您就是我们的新狮王啦！"

独眼雄狮站起来，大声叫道："这次我要请天上飞的、地上跑的、土里钻的，给狮王来一个上、中、下一齐进攻！"

鬣狗拍着手喝彩："好，好！您这是现代化的立体战争啊！"

独眼雄狮问："天上飞的请谁？"

"秃鹫！"鬣狗毫不犹疑地说，"秃鹫心狠手辣，骁勇善战。"

"对，还可以再请几只乌鸦！"独眼雄狮又问，"地上跑的请谁？"

鬣狗想了想，说："再找几只大个儿的鬣狗，我们鬣狗以凶残著称，连豹子也怕我们三分！”

“地下钻的呢？”

鬣狗说：“鼹鼠！听说狮王梅森请来了大象，大象最怕鼹鼠了。鼹鼠能钻大象的鼻子，哈哈！”

独眼雄狮高兴地一拍胸脯：“好极啦！咱们分头去请！”

鬣狗掉头就走：“咱们快去快回！”

这边，狮王梅森也在和酷酷猴、大象、猎豹商量对策。

梅森问：“我们怎样迎击独眼雄狮的进攻？”

酷酷猴说：“我们必须掌握独眼雄狮的兵力部署，这样才能做到‘知己知彼，百战百胜’。”

大象问：“怎么才能了解到独眼雄狮的兵力部署？”

酷酷猴说：“必须活捉他们的一个成员，从他嘴里来摸清他们的底细。”

两只猎豹站出来，说：“这个任务交给我们两个好了。”

“好！”梅森高兴地说，“猎豹是我们非洲草原上的百米冠军，又是伏击能手，猎豹兄弟去捉一个活口，定能马到成功！拜托啦！”

两只猎豹埋伏在一个土坡后面，这时，一只鬣狗从土坡前面走过。

鬣狗边走边自言自语：“秃鹫、鼹鼠都请到了，战胜狮王梅森是没问题啦！”

猎豹哥哥小声说了句：“就是他！”两只猎豹像离弦之箭扑了上去。

“啊，猎豹！快跑！”鬣狗撒腿就跑。

猎豹吼道：“小鬣狗，你哪里跑！”

鬣狗哪里跑得过猎豹，没跑出几百米，鬣狗就被猎豹扑倒在地。

猎豹兄弟把鬣狗押解回来，对梅森说：“抓来一只独眼雄狮手下的鬣狗！”

“二位辛苦了！”梅森先向猎豹兄弟道过辛苦，然后开始审问鬣狗，“独眼雄狮勾结了哪些坏蛋？你要从实招来！”

鬣狗趾高气扬地说：“我怕说出来吓着你！独眼大王的帮手有高空霸王秃鹫，有地上精英鬣狗，有地下幽灵鼹鼠。怎么样？够厉害的吧？”

酷酷猴问：“你说，他们总共来了多少个？”

“总共有多少嘛……”鬣狗眼珠一转，说，“这个我还真说不清。”

狮王梅森一看鬣狗要滑头，勃然大怒：“不说我就咬死你！”说着，张开大嘴扑向鬣狗。

鬣狗赶紧跪下：“狮王饶命！我说！我说！”

梅森两眼圆瞪：“快说！”

鬣狗战战兢兢地说："我虽然不知道总数是多少，但是我看见独眼雄狮在地上写过一个算式：

$$\bigcirc\bigcirc\bigcirc+\bigcirc\bigcirc\bigcirc=1996$$

独眼雄狮说，我们的兵力总数是这6个圆圈中数字之和。"

梅森皱着眉头说："你这都是什么乱七八糟的？是不想说实话吗？"

鬣狗吓得一个劲地磕头："小的不敢，小的不敢。"

酷酷猴插话道："狮王不要动怒，有这个算式就足够了。这两个三位数的百位和十位上的数字都必须是9，不然的话，和的前三位不可能是199。"

小狮子小黑点点头，说："说得对！"

酷酷猴又分析："两个个位数之和是16，这样6个圆圈中数字之和就是$9+9+9+9+16=9\times4+16=52$。独眼雄狮的兵力总数是52只。"

梅森听到这个数字，十分忧虑："独眼雄狮手下有50多只凶禽猛兽，又分上、中、下三路，我们很难对付啊！"

"那怎么办？"大象也没了主意。

酷酷猴想了一下，说："大家不用着急，我自有退敌之法！狮子、大象、猎豹听令！"

大家异口同声地回答："在！"

激战开始

酷酷猴对大家说：“现代战争的规律是空中袭击开路，我想独眼雄狮一定会让秃鹫、乌鸦这些飞行动物作为先锋来袭击我们！”

梅森着急地说：“可是我们没有会飞的动物来迎击他们哪！”

酷酷猴说：“这不要紧，请大象到河边用长鼻子吸足了水，听候命令。”

“得令！”大象答应一声就去准备了。

没过多久，天空传来阵阵翅膀扇动空气的声音。

小黑往天上一指，喊道：“你们快看，秃鹫列队飞来了！”大家一看，秃鹫和乌鸦排成三角形队形飞来了。

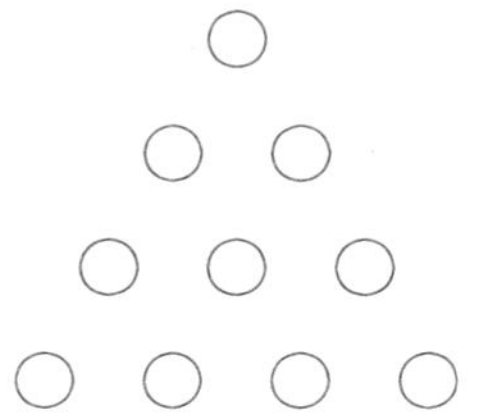

领头的秃鹫在空中高叫：“狮王梅森拿命来！大家跟我俯冲攻击！”秃鹫们来势汹汹，一同向梅森这边攻击过来。

酷酷猴一举手中的令旗，命令：“大象预备，喷水！”几只大象举起长鼻子，鼻子里喷出的水柱直射秃鹫和乌鸦。

秃鹫和乌鸦被水柱喷得东倒西歪：“这是什么武器？”转眼间，秃鹫、乌鸦纷纷从空中掉下，狮子和猎豹跑了上去。

狮子吼道：“投降不杀！”

猎豹叫道：“再动就咬死你！”

秃鹫和乌鸦被狮子和猎豹俘获。

小狮子向酷酷猴报告："报告指挥官，一共俘获 7 只秃鹫和 2 只乌鸦。"

酷酷猴问其中一只秃鹫："你们来了几只秃鹫，几只乌鸦？"

这只秃鹫说："连秃鹫带乌鸦一共来了 10 只，有一只跑回去报信了。"

酷酷猴追问："逃走的是秃鹫，还是乌鸦？"

秃鹫回答："我不能告诉你。反正我们来的 10 只从 0 到 9 每只都编有一个密码，前几号是乌鸦，后几号是秃鹫，秃鹫比乌鸦多。"

酷酷猴眼珠一转，说："我不让你直接说出有多少只秃鹫，多少只乌鸦。你只要告诉我，你能把被俘的 9 只分成 3 组，使各组的密码和都相等吗？"

秃鹫想了一下，说："哦……可以。"

酷酷猴又问："你还能把这 9 只分成 4 组，使各组的密码和都相等吗？"

秃鹫停了一会儿，说："哦……也可以。"

酷酷猴十分肯定地说："好了，我知道了，是 9 号逃走了，由于秃鹫比乌鸦多，9 号肯定是秃鹫！"

秃鹫吃惊地问："你怎么敢肯定是 9 号呢？"

酷酷猴分析说："因为 $0+1+2+3+4+5+6+7+8+9=45$，45 可以被 3 整除。逃走的那只的密码必定可以被 3 整除，否则余下的密码之和不可能被 3 整除，也就是说不可能分成 3 组，使各组的密码和都相等。"

"说得对！"连狮王梅森都听明白了。

酷酷猴接着分析："这样，逃走的那一只的密码可能是 0，3，6，9。除去这些密码余下密码之和分别是 45，42，39，36。由于还能把这 9 只分成为 4 组，只有 36 可以被 4 整除，$45-36=9$，逃走的必然是 9 号。"

狮王梅森大赞："分析得太棒啦！"

酷酷猴又问："你们的三角形队列中为什么还加进 2 只乌鸦？"

秃鹫答："我们只有 8 只秃鹫，组成一个三角形队列需要 10 只，只好另外找 2 只乌鸦来充数。"

逃走的秃鹫径直飞回大本营，向独眼雄狮报告："报告大王,大事不好啦！秃鹫和乌鸦战斗队被大象射出的'水枪'击落，只有我一人逃回。"

"啊，这还了得！"独眼雄狮大惊。

突然，独眼雄狮眼放凶光，像个输红了眼的赌徒："鼹鼠战斗队立即出发，去钻大象的鼻孔，给秃鹫和乌鸦报仇！"

众鼹鼠答应一声：“是！”便迅速钻入地下，不见了踪影。

酷酷猴早有准备，他把耳朵贴在地面上，听地下传来的声音。

酷酷猴对大家说：“嘘——地下有声音，是鼹鼠来了！大象快把鼻子举起来，防止鼹鼠钻鼻子。”

大象笑着说：“人们都传说大象最怕老鼠钻鼻子，这纯粹是谣言，我们堂堂大象怎么会怕小老鼠呢？笑话！”

大象话音刚落，一群鼹鼠钻出地面，直奔大象而去。

鼹鼠齐声喊着口号：“钻大象鼻子，把大象痒痒死！”

大象先发出一声长叫：“让你们尝尝大象的厉害！”说完，大象抬起象脚，“咚，咚”踩扁了一大片鼹鼠。

余下的鼹鼠赶紧又钻回地里，逃命去了。

小狮子小黑高兴地跳起来：“好啊！鼹鼠也被我们打败啦！”

最后决斗

一头狮子慌慌张张地跑来，向独眼雄狮报告：“报告大王，大事不好啦！鼹鼠战斗队死的死，逃的逃，全军覆没了！”

独眼雄狮用力一跺脚，大叫一声：“呀呀呀呀呀！这可如何是好！”

独眼雄狮用手拍着脑袋，独眼滴溜溜乱转。突然，他想出一招棋。

独眼雄狮说：“我给狮王梅森写封信，约他和我单挑。我趁狮王梅森中毒，全身无力的时候，一举战胜他！”

“好主意！”鬣狗在一旁附和，“这叫作‘乘人之危’。”

听了鬣狗的话，独眼雄狮眼睛一瞪：“‘乘人之危’不是什么好话吧？”

鬣狗讨了个没趣，讪讪地走开了。

独眼雄狮的信很快就到了狮王梅森的手里。

梅森一边看信，一边琢磨：“独眼雄狮约我单打独斗，如果是从前，他绝不是我的对手。可是现在我中了他下的毒，浑身没有力气，如何能战胜他？”

猎豹在一旁说：“狮王不用发愁，我听说有一种草药能解此毒，吃了这种草药只需一小时，毒性全消。”

梅森听罢，大喜：“有劳猎豹老弟了！”

猎豹转身蹿了出去，来了两个加速跑，就不见了踪影。

梅森连连点头：“真是好身手！”

过了有半个小时，猎豹就把草药采了回来：“狮王赶紧吃下。”

梅森十分感动：“真是谢谢你！”梅森吃完草药，美美地睡了一大觉。

小狮子小黑跑来报告：“报告狮王，独眼雄狮已经到了！”

梅森一看时间，吃了一惊：“啊，还没到一个小时，草药的药力还没有发挥呢！这可怎么办？”

大家也很着急。

酷酷猴想了一下，说：“狮王，你可以先和他斗智，拖延一点儿时间，等到了一小时，药力起作用了，再和他斗力。”

梅森高兴地说：“真是好主意！”

说话之间，独眼雄狮已经到了。他气势汹汹地指着梅森说：“决战时刻已到，今天我们拼个你死我活！如果你输了，就赶快从你的领地上消失！”

梅森说：“我接受你的挑战，不过咱俩要先斗智后斗勇，怎么样？”

独眼雄狮知道梅森中毒未好，所以满不在乎地说：“可以。你的死期已到，是斗不过我的！先下手为强，后下手遭殃，我先出题。”

独眼雄狮想了想，说：“我打败你之后，将从你的金库中得到一批金币。我把这批金币分给我所遇到的每一个动物。给第一个 3 个金币，给第二个 4 个金币，依此类推，后面的总比前一个多得 1 个金币。把金币分完之后，再收回来重新平均分配，恰好每个动物分得 100 个金币。你告诉我，我一共分给了多少个动物？”

梅森说：“这个问题如果是在过去考我，我肯定不会。现在不同了，我在中毒期间，跟我的好朋友酷酷猴学了不少数学知识，你这个问题是小菜一碟！”

独眼雄狮斜眼看了一眼梅森：“不用吹牛，做出来才算数！”

梅森边说边写：“假设有 x 个动物参加了分金币。第一个分得 3 个，3 可以写成 $3=1+2$；第二个分得 4 个，$4=2+2$；最后一个必然分得（$x+2$）个。由于任意相邻的两个动物所得都是相差 1 个金币，所以第一次分时，第

一个和最后一个分得的金币之和，恰好是收回来重新平均分配时，两个动物分得的金币之和。列出方程：

$$3+(x+2)=100\times 2$$

$$x=195$$

你一共分给了195个动物。”

梅森紧接着说：“该我出题了。我有红、黄、绿、黑、蓝5种颜色的动物朋友100个。其中红色的有12个，黄色的有27个，绿色的有19个，黑色的有33个，蓝色的有 9 个。我把这些朋友请到了一起，吃完饭天就黑了，看不清朋友身上的颜色了。我想从中找出 13 个同样颜色的朋友，问从中至少找出多少个朋友，才能保证有 13 个同样颜色的朋友？”

独眼雄狮眉头一皱，说：“你既然想找，为什么不趁天亮的时候去挑呢？非等黑灯瞎火时再挑！”

梅森把眼睛一瞪：“我就想天黑了再挑！你管不着！”

独眼雄狮想了半天，也不会解这道题。他开始找辙：“听人家说，13 这个数字可不好哇！你换一个数吧！”

梅森把狮头一晃，说：“不换！你可耽误了太多时间了！”

独眼雄狮目露凶光，恶狠狠地说：“反正我也不会做，我先咬死你吧！嗷——”独眼雄狮忽然扑向狮王。

梅森对独眼雄狮的突然袭击早有防范，他往旁边一闪，说：“我早提防着你呢！嗷——”

独眼雄狮和狮王梅森厮杀在一起，梅森一个猛扑，把独眼雄狮扑倒在地。

独眼雄狮吃了一惊：“你中了毒，怎么还有这么大的力气？”

“哈哈！”梅森大笑，“我毒性已解，我力量无穷！嗷——”狮王又一次把独眼雄狮扑倒在地，他张开血盆大口，直奔独眼雄狮的喉咙咬去。

“狮王饶命！狮王饶命！我认输！”独眼雄狮赶紧求饶。

梅森说：“我饶你一命可以，但是按着狮群的规定，你必须离开你的领地。”

独眼雄狮无奈地点了点头，不过他提了个要求：“我离开之前，你能告诉我问题的答案吗？”

“可以。”梅森说，“至少找出 58 个朋友，才能保证有 13 个同样颜色的朋友。考虑取不到 13 个同样颜色动物的极端情况：取了 12 个红色的，12 个黄色的，12 个绿色的，12 个黑色的，9 个蓝色的，总共是 57 个。再多取一个必然有一种颜色的动物是 13 个。所以至少要找 58 个朋友。”

独眼雄狮凄然地说：“都怪我老想着要做狮王，才落得今天的下场。今后我要到处流浪了！”

战斗结束了！

酷酷猴对狮王梅森说：“我也出来好些日子了，有些想家了。我要去找到花花兔，和她一起回家。再见吧，亲爱的狮王梅森！非洲之行也让我长了很多见识，咱们后会有期！”

“再见！”大家依依不舍地和酷酷猴道别。

知识点解析

鸽巢原理

故事中，梅森让独眼雄狮从5种颜色的100个朋友中，找出13个同样颜色的朋友，问至少需要找出多少个朋友，才能保证有13个同样颜色的朋友。这是由德国数学家狄利克雷提出的抽屉原理，又称为鸽巢原理或者重叠原理。把多于 $kn+1$（k 为正整数）个东西任意放进 n 个抽屉，那么一定有一个抽屉中放进了至少 $k+1$ 个东西。

考考你

我校今年入学的一年级新生中，有281人是2012年出生的。这些新生中，至少有多少人是2012年的同一个月出生的？

寻找大怪物

神秘的来信

从非洲回来后，酷酷猴和花花兔过了一段平静的日子，但不久后的一天，花花兔又拿着一封信来找酷酷猴。

“酷酷猴，这里又有你的一封信。”

“又有人给我来信？”酷酷猴打开信一看，见信上写道：

酷酷猴：

我听说你聪明过人，此次去非洲还战胜了黑猩猩。可是别人都说我非常聪明，因此我很想和你比试一下，有胆量的来找我！我的地址是一直向北走‘气死猴’千米。

大怪物

花花兔摸摸脑袋，说：“这个大怪物是谁呢？这‘气死猴’又是多少？这个人和你有什么仇，非要把你气死？”

面对花花兔的一连串的问题，酷酷猴没有说话，他信手把信翻过来，发现信的背面还有字：

> 想知道“气死猴”是多少，请从下面的算式中去求：
>
> 气死猴气死猴÷气÷死死÷死猴=气死猴。
>
> 其中“气”“死”“猴”各代表一个一位的自然数。

花花兔看到这个算式，气得蹦了起来：“这也太气人啦！一个算式中有三个‘气死猴’，两个‘死’字，最气人的是还有一个‘死猴’！”

酷酷猴却十分平静，他笑了笑，说：“他采用的是激将法，就怕我不去找他。”

花花兔怒气未消：“不管他是用‘鸡将法’还是用‘鸭将法’，都欺人太甚，咱们非要找到这个大怪物不可！”

酷酷猴说：“要找到大怪物，先要算出‘气死猴’所表示的数。”

花花兔看着这个奇怪的算式，一点儿头绪也没有：“这个算式里除了‘气’就是‘死’和‘猴’，可怎么算哪！”

“既然这三个字代表三个自然数，咱们就可以把这三个字像三个数那样运算。我可以把算式左端的除数，移到右端变成乘数。”说着，酷酷猴开始进行运算：

由　气死猴气死猴÷气÷死死÷死猴=气死猴，

可得　气死猴气死猴=气死猴×气×死死×死猴

花花兔着急地说：“还是一大堆‘气死猴’，往下还是没法儿做呀！”

酷酷猴说：“关键是要把算式左端的‘气死猴气死猴’变成‘气死猴×1001’！”

花花兔摇摇头：“不懂！不懂！”

酷酷猴非常有耐心：“我先给你举一个数字的例子，你一看就明白了。你看：六位数 658658 是由两个 658 连接而成，就像‘气死猴气死猴’是由两个‘气死猴’连接而成一样。而 658658 = 658 × 1001，同样，‘气死猴气死猴’= ‘气死猴 × 1001’，明白了吗？”

花花兔勉强点了点头：“好像是这么回事。”

酷酷猴接着往下算：“那上面的式子就可以写成：

气死猴 × 1001 = 气死猴 × 气 × 死死 × 死猴

两边同用‘气死猴’除，可得 1001 = 气 × 死死 × 死猴。”

“往下做，是不是把 1001 因数分解了？这个我会！”花花兔开窍了，她边说边写，“1001 = 7 × 11 × 13，也就是 1001 = 气 × 死死 × 死猴 = 7 × 11 × 13。气 = 7，死 = 1，猴 = 3。”

酷酷猴皱了皱眉头：“要往北走713千米，可不近哪！”

花花兔却满不在乎：“为了找到这个可气的大怪物，再远咱们也要去！”

这时，一匹斑马跑了过来：“聪明的酷酷猴，我愿意送你们去找大怪物！”

花花兔一听，高兴得跳了起来："太好啦！"

斑马驮着酷酷猴和花花兔飞一样地跑了起来。

花花兔大声喊叫："哎呀！跑得真快呀！简直是火箭一样的速度！"她接着问："斑马，你知道火箭为什么会跑得那么快吗？"

斑马答道："因为火箭的屁股着了火，谁的屁股着火还不拼命跑？"

"火箭屁股着火？真逗！哈哈……"花花兔仰面大笑，笑得太厉害了，以至于从斑马背上掉了下来。由于斑马的速度太快，酷酷猴和斑马都没发现花花兔掉下去了，他们俩仍旧往前跑去。

一只猎豹偷偷从后面赶上来，一口咬住了花花兔："哈哈，送上嘴的美餐！"

花花兔高呼："救命啊！"

花花兔的呼叫声惊动了酷酷猴，他回头一看，看见猎豹正叼着花花兔往远处跑去。

酷酷猴对斑马说："停！停！不好啦，花花兔让猎豹叼走了！"

斑马大吃一惊："糟啦！猎豹跑得最快，我也追不上他！"

酷酷猴也觉得事态严重，他问斑马："你认识猎豹的家吗？”

“认识。我带你去！”斑马掉头就往猎豹的家跑去。

跑到一处土坡前面，斑马停了下来，他大声叫道：“猎豹——猎豹——你在哪儿？”

猎豹从土坡后面走了出来：“我在这儿，找我有事吗？”

斑马问：“你忙什么呢？”

猎豹喜滋滋地说：“我捉到一只雪白雪白的兔子，正在生火，准备熬一锅兔子粥。我要用这锅兔子粥请客，让客人尝尝花花兔的肉是什么滋味儿。”

斑马小声对酷酷猴说：“花花兔是让他捉走了。”

要喝兔子粥

酷酷猴为了核实一下，问猎豹："你捉了几只兔子？"

猎豹说："就捉到一只，我要捉多了就分肉吃，不喝粥了！"

酷酷猴又问："你请了多少客人哪？"

猎豹低头想了想："我也说不清有多少客人。按原来准备的碗，如果客人都来齐，要少 8 只碗；若增加原来碗数的一半，则又会多出 12 只碗。你说会来多少客人？"

酷酷猴说："我要是给你算出有多少客人来，你怎么感谢我？"

猎豹痛快地说："也请你喝一碗兔子粥。"

酷酷猴摇摇头："兔子粥我不喝，我吃素。我如果算出来了，让我和你一起熬粥，行吗？"

"行，行。没问题。"猎豹痛快地答应了。

酷酷猴开始计算："可以设原来准备的碗数为 1，把原来的碗数增加一半，就是 $1+\frac{1}{2}$。这$\frac{1}{2}$是多少呢？就是原来差的 8 只碗和后来多出的 12 只碗之和。"

猎豹摸不着门儿："不明白！不明白！"

酷酷猴在地上画了一张图，指着图说："以客人数为标准，你可以看出，增加的$\frac{1}{2}$恰好是$8+12=20$。"

"对，对。"猎豹点点头，说，"有图就明白多了。"

酷酷猴说："原来碗数的$\frac{1}{2}$是20只，原来的碗数就是40只。"

猎豹接着往下算："客人数就是$40+8=48$（位）。哈，来这么多客人！"

"你把兔子放到哪儿了？"

"就捆在那棵大树的后面。"

酷酷猴自告奋勇地说："我去把兔子杀了，收拾好，你好熬粥。"

猎豹点头："你去吧！我在这儿招呼客人。"

酷酷猴三蹿两跳就到了大树的跟前，在树背后见到了被捆绑的花花兔。

花花兔见到酷酷猴，忙说："酷酷猴，快救我！"

酷酷猴伸出一根指头："嘘——别出声，我把绳子给你解开。"

这时，斑马也跑来了，催促道："你们快骑到我背上，我带你们逃走！"

酷酷猴想了想，说："不成，猎豹跑得快，他会追上你的。"

斑马着急地问："那怎么办？"

酷酷猴眼珠一转，说："咱们给他来个调虎离山计，你们这样……"斑马和花花兔点点头。

酷酷猴忽然大声喊叫："不好啦！花花兔骑着斑马逃走啦！"然后拉着花花兔上了树，斑马则撒腿就跑。

猎豹正在用大锅烧水，听到喊叫大吃一惊："什么？兔子跑了？那48位客人来了吃什么呀？追！"猎豹就朝斑马逃跑的方向追去。

猎豹边追边喊："你好大的胆子，敢和我比速度！看我怎么追上你！"不一会儿，猎豹就拦住了斑马。

猎豹瞪着通红的眼睛，命令斑马："给我站住！交出兔子！"

斑马停住了脚步：“站住是可以，兔子可没有！”

猎豹逼问：“兔子呢？”

酷酷猴忽然从树上跳了下来：“我知道兔子跑哪儿去了。我骑着你去追好吗？”

为了得到花花兔，猎豹也顾不得这些了，他对酷酷猴说：“你这瘦猴反正也没多重，上来吧！”猎豹驮着酷酷猴飞快跑去。

酷酷猴说：“我骑过马，骑过牛，还真没有骑过猎豹。一直往北追！”

猎豹说：“好的！你坐稳了，我让你体会一下‘飞’的感觉。”说完，一塌腰，四脚腾空，往前飞奔。

斑马忙叫花花兔从树上下来：“快，我驮着你追他们去。”

“好极啦！”花花兔从树上下来，骑上斑马。

虽说猎豹在追捕猎物时，短距离冲刺的速度非常快，但是跑不了多远，没跑多久猎豹就跑不动了。

正在这时，后面的斑马和花花兔追上来了。

花花兔招呼酷酷猴：“酷酷猴，我们追上来啦！”

酷酷猴噌地从猎豹背上蹿到斑马的背上，对猎豹说：“谢谢你送我了这么一大段路！”

猎豹此时才恍然大悟：“啊，你们是一伙的！可惜我没劲儿追你们了。”

长尾鳄鱼

斑马驮着酷酷猴和花花兔跑到河边。

花花兔高兴地笑了："哈哈，我们终于逃脱了猎豹的追逐。"

酷酷猴问斑马："咱们要过河吗？"

斑马表情十分严肃，他连话也没答，只是小心翼翼地在河水中前进。

花花兔好奇地问："大斑马，你的腿为什么发抖呀？"

斑马只说了一句话："这条河里有鳄鱼。"

听说河里有鳄鱼，花花兔吓得脸更白了，她骑着斑马左顾右盼，正好这时一条鳄鱼悄悄向斑马袭来。

还是酷酷猴眼尖，他指着鳄鱼，大声叫道："快看，有什么东西冲我们过来了！"

说时迟那时快，鳄鱼一口咬住了斑马后腿，高兴地说："哈哈，一顿美餐！"

斑马痛苦地挣扎："哎呀，疼死我了！"

酷酷猴问鳄鱼："在什么条件下，你可以不吃斑马？"

"这个……"鳄鱼想了一下，"如果斑马能算出我有多长，就说明这匹斑马很聪明，我从不吃聪明的动物。"

酷酷猴答应："好，你说吧！"

花花兔吃了一惊："哎呀，原来鳄鱼专吃不懂数学的傻动物！"

鳄鱼说："我是长尾鳄鱼，我的尾巴是头长度的 3 倍，而身体只有尾巴的一半长。我的尾巴和身体加在一起是 1.35 米，问你，我有多长？"

斑马开始计算："可以想象把鳄鱼分成几等份，头部算 1 份。由于尾巴是头长度的 3 倍，尾巴就应该占 3 份。"

鳄鱼插问："我的身体应该占几份呢？"

斑马想了一下："身体是尾巴长度的一半，因此身体应该占$\frac{3}{2}$份。"斑马好像找到了头绪，"这样一来，鳄鱼的总长是$1+\frac{3}{2}+3=5\frac{1}{2}$份，其中头部恰好占一份，所以可以先把头长算出来：头长 $=1.35\div(1+\frac{3}{2}+3)=1.35\div\frac{11}{2}=\frac{27}{110}$（米）。"

鳄鱼瞪大眼睛问："照你这么说，我的头长是$\frac{27}{110}$米喽？"

斑马毫不犹豫地回答："对！"

斑马的回答可急坏了酷酷猴，他偷偷地用力在斑马屁股上掐了一把，斑马疼得跳了起来。

斑马大叫：“哎呀，疼死我了！唉，我想起来了，我刚才做得不对！”斑马显然明白了酷酷猴掐他的用意。

鳄鱼问：“怎么又不对了？”

酷酷猴趴在斑马耳朵上小声说：“不对！1.35 米只是鳄鱼的身体和尾巴的长度，不包括头的长度。求头长时，应该用（$\frac{3}{2}+3$）去除才对。”

斑马嘿嘿一笑：“我刚才是想试试你会不会算。正确的算法是：

头长$=1.35\div(\frac{3}{2}+3)=1.35\div\frac{9}{2}=0.3$（米），

总长$=1.35+0.3=1.65$（米）。”

鳄鱼发怒了：“你死到临头，还敢试我！我要给你点颜色看看！”说着，鳄鱼翻身打滚，就要撕咬斑马。鳄鱼吃大型动物时，靠打滚撕下猎物的肉来，再整块儿吞进去。

“慢！”酷酷猴对鳄鱼说，“你不能说话不算数啊！你刚才说只要斑马算出你有多长，你就不吃斑马。”

鳄鱼瞪着眼睛说：“我不吃他，我饿！”

酷酷猴小声对花花兔说了几句，花花兔点点头，说：

“好的，我先走了。”说完，立刻跳到了对岸。

花花兔从岸上扔过来一柄鱼叉：“酷酷猴，接住！”

酷酷猴喊了一声：“来得好！”

鳄鱼不明白酷酷猴要搞什么名堂：“你要鱼叉干什么？”

酷酷猴举着鱼叉说：“扎你啊！”

“扎我？”鳄鱼笑着摇摇头，说，“你没看见我背部鳞甲有多厚？你根本就扎不进去！”

酷酷猴问：“你们鳄鱼吃大型动物时，是不是先打滚把猎物撕下一块儿？”

鳄鱼点头：“对呀！”

酷酷猴又问：“你的腹部是不是没有鳞甲，很容易被扎进去？”

鳄鱼稍一愣神：“这——也对！”

酷酷猴说：“你胆敢打滚撕咬斑马，我就趁机用鱼叉扎你的肚子！”

鳄鱼一听，立刻慌了神：“这可要命啦！斑马我不吃啦！”说完赶紧潜进水里，跑了。

鳄鱼搬蛋

“好啊！鳄鱼逃跑喽！”花花兔高兴地说。

这时，一条更大的母鳄鱼忽然从水中钻了出来。母鳄鱼说：“谁说鳄鱼跑了？小鳄鱼吓跑了，老娘还在！”

酷酷猴迎上前去问：“你是不是也想吃斑马？”

母鳄鱼点点头，说：“你说得对。不过，如果他能帮助我解决一个难题，我就放他一马。”

斑马也有了勇气，他问：“你说说看，是什么难题？”

母鳄鱼把自己生的蛋一字排开摆在沙滩上。

“我们几条母鳄鱼一共生下了 100 个蛋。我们一时高兴，想显示一下自己的生育能力，就把这 100 个蛋一字排开摆到了沙滩上，相邻两个蛋的距离为 1 米。”说着说着，母鳄鱼忽然来气了，“谁想到大蜥蜴想偷吃这些蛋。这当然不成！我和大蜥蜴进行了殊死的战斗。大蜥蜴被我咬伤逃走了。”母鳄鱼停了停，又说：“为了防止大蜥蜴再来偷蛋，我决定把这 100 个蛋集中放在一起，便于看管。”

花花兔问：“你怎么看管？”

母鳄鱼回答："我开始搬蛋，把最靠左边的蛋叫第一个蛋，从第一个蛋处出发，逐次取蛋放到第一个蛋处。我的难题是，要把这 99 个蛋全部搬完，要走多少路？"

斑马小声问酷酷猴："这个问题应该从哪儿下手？"

酷酷猴回答："先算出她搬前三个蛋各走多少路，找出其中的规律来。"

"我来给你解这个难题。"斑马开始计算，"你从第一个蛋处出发，爬到第二个蛋处，要爬行 1 米。你用嘴衔起第二个蛋，爬回到第一个蛋处，又爬行了 1 米，这一来一去共爬行了 2 米。"

母鳄鱼点头表示同意。

斑马继续算："你从第一个蛋处爬行到第三个蛋处，要爬行 2 米；把第三个蛋衔回来，又要爬行 2 米，合起来是 4 米。搬第四个蛋要爬行 6 米。你的爬行规律是 $2=1\times2$，$4=2\times2$，$6=3\times2$……搬第 99 个蛋应爬行 $99\times2=198$（米）。"

母鳄鱼急着要算出结果来："我一共要爬行 $2+4+6+\cdots+196+198$（米），哎呀！这么长的加法，我怎么算哪？"

酷酷猴说："我教你一个好算法。由于式子里任何相邻两项之差都是2，你再给它加上一个顺序倒过来的式子，一共是99个200相加。"

“我明白了！”母鳄鱼也不傻，“总数是 200×99÷2=9900（米）。在陆地上爬行这么长距离，是要累死我啊！”

斑马说：“你的难题我算出来了，该放我走了吧？”

“不成！”母鳄鱼拦住斑马，“斑马善于在陆地上奔跑，你得帮我把这些鳄鱼蛋收集到一起，不然的话，我还是要把你吃了！”

“好吧！”斑马把鳄鱼蛋放到光溜溜的马背上，“我给你运蛋，摔坏了我可不管！”

斑马往前一跑，马背上的鳄鱼蛋啪啪滚落到地上，摔坏了。母鳄鱼心痛地大叫：“哎呀，我的宝贝蛋！”

“快上来！”趁母鳄鱼走神之际，斑马招呼酷酷猴和花花兔快上马背。

母鳄鱼在后面大叫："斑马，你等着，下次过河我绝饶不了你！"

知识点解析

找规律

故事中，聪明的酷酷猴从搬每个蛋的距离入手，通过计算发现了鳄鱼的爬行规律：$2=1\times2$，$4=2\times2$，$6=3\times2$……以此类推，得出了搬第99个蛋的爬行距离是$99\times2=198$（米），进而算出了母鳄鱼要爬行的总距离。

我们在解决找规律问题时，可以遵循从特殊到一般的解题思路，化繁为简，有序思考。基本步骤为：（1）对简单的个例进行分析，寻找其中可能存在的规律；（2）通过归纳分析和简单推理，得出一般规律的猜想；（3）验证结论是否正确，得到结果。

考考你

酷酷猴用小棒拼了这样一组图形，算一算，拼第10个图形需要多少根小棒？

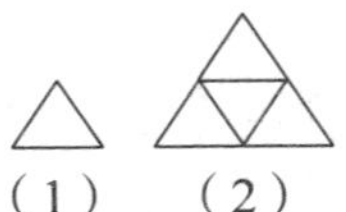

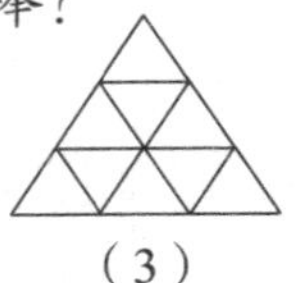

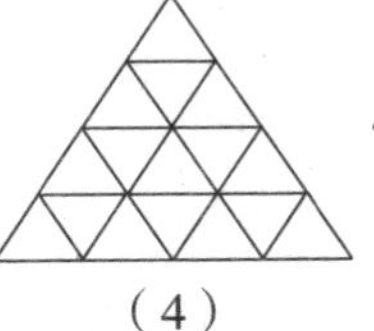

……

（1）（2）（3）（4）

破解数阵

摆脱了鳄鱼的纠缠，斑马驮着酷酷猴和花花兔一阵狂奔，当停下来时，已经迷失了方向。

斑马懊丧地说："虽说我们逃出了鳄鱼的魔爪，可是我也不知道现在跑到哪儿来了。"

酷酷猴环顾四周，发现周围有许多条道路。

酷酷猴数了一下，说："周围有 10 条小路，我们走哪一条才能找到大怪物？"

花花兔发现其中一条路上画着一个图形："你们看，这是什么？"

只见图形下面写着：

写有数阵的这条路算 1 号路，顺时针数第 n 号路是通往大怪物住所的唯一道路，其他路充满危险，万万不可走！n 是 2000 在这个数阵中所在的列数。

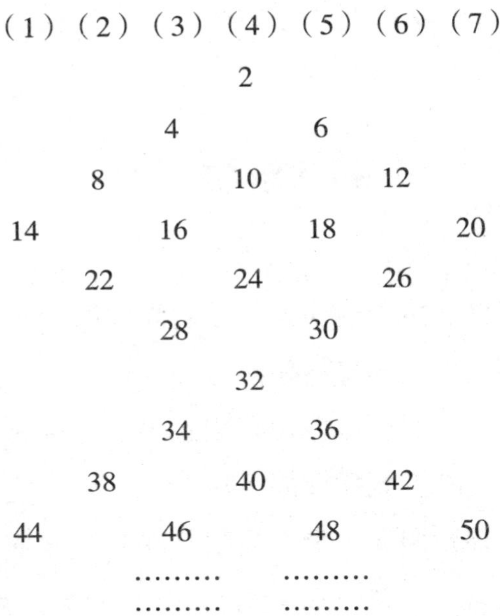

花花兔瞪着大眼睛说："第 n 号路究竟是哪条路？走错了，非让狮子、豹子给吃了不可！"

斑马说："我随便找一条路探探，看看是否真有危险。"说完，沿一条小路走去。

没过多久，斑马快速逃回，后面还传来阵阵的吼声。

花花兔忙问："这是怎么啦？"

斑马擦了一把头上的汗："这条路前面有 10 头大狮子！"

酷酷猴想了想，说："看来我们不能瞎闯，必须把这

个 n 算出来才行。”

“那就赶紧算吧！”花花兔看着数阵说，“最上面写在括号中的数肯定是列数。可是，2000 是个很大的数，要到哪一列去找啊？”

酷酷猴提醒说：“你仔细观察一下数阵中的数都有什么特点。”

花花兔看了好半天，忽然眼睛一亮：“我知道了！数阵是由一个接一个的菱形组成，里面的数全部是偶数。”

“对！”酷酷猴说，“你再观察一下，每一个菱形最上面的一个数都是多少？”

“第一个是 2，第二个是 32，第三个应该是 62，往下我就不知道了。”

“应该通过观察找出规律来。”酷酷猴强调找规律是解题的关键。

花花兔又看了一会儿：“有什么规律呢？”

酷酷猴说：“每个菱形都是由 16 个偶数组成，把前一个菱形最上面的数加上 15 个 2，就得到下一个菱形最上面的数。比如 $2+2\times15=32$，$32+2\times15=62$。”

花花兔打断酷酷猴：“我会了！往下是 $62+2\times15=92$，$92+2\times15=122$，可以一直算下去……”

酷酷猴阻拦说：“够了够了，别往下算啦！”

“为什么不让我往下算了？”显然花花兔还没算过瘾。

酷酷猴说：“我已经算出来 2000 所在的菱形最上面的数是 1982，在这个菱形中，2000 排在第 7 列。”

花花兔很快就找到了这条路：“这就是顺时针数第 7 条路，咱们走吧！”

斑马心有余悸：“想起刚才那些大狮子心里就害怕，我不去了。”

见斑马不想去，酷酷猴也不勉强：“你一路辛苦了，谢谢你送我们这么远的路。再见！”

斑马告别酷酷猴和花花兔，找自己的伙伴去了。

酷酷猴和花花兔沿着第 7 条路一直往前，走了很长一段路。

花花兔有点儿不耐烦：“咱们这样一直往前走，走到哪儿算是头啊？”

酷酷猴往前一指：“你看，前面那三个大家伙是什么？”

前面出现了二大一小三座金字塔。

花花兔兴奋地说：“那是著名的埃及金字塔！快过去看看！”

酷酷猴和花花兔在其中一座金字塔中间发现了一个门。

酷酷猴好奇地说：“瞧，这里有一个门！”

花花兔催促：“快进去！”

守塔老乌龟

酷酷猴和花花兔沿着金字塔的通道往前走。

酷酷猴说："听说金字塔里有法老的木乃伊。"

"什么是法老？什么是木乃伊？"花花兔没听说过。

酷酷猴解释："法老就是国王，木乃伊是用特殊方法把死人做成的干尸。"

花花兔大吃一惊："啊，干尸？死尸就够可怕的了，干尸就更可怕啦！"

前面出现一扇关闭的大门，花花兔过去看了看："这扇大门打不开，咱俩回去吧！"

酷酷猴指着门上的古埃及象形文字说："你看这门上是什么？"

花花兔仔细看了看："这上面有小鸭子，有小人头，还有小甲虫。"

突然，门里面传来一种奇怪的声音。

酷酷猴侧耳细听："你听，这是什么声音？"

花花兔也听到了："这声音离咱们越来越近，是不是木乃伊复活了？啊，咱俩赶快跑吧！"

这时，大门打开了一道缝，一只大乌龟从门缝里慢悠悠地爬出来，随后大门又自动关上了。

大乌龟厉声喝道："谁在那儿胡说八道？干尸怎么能复活呢？"

"原来是一只大乌龟！"酷酷猴松了一口气，"金字塔里怎么会有这么大的乌龟？"

大乌龟爬到酷酷猴的跟前，喘了一口气："从修建金字塔时我就在这儿了，我在塔里守护几千年了。"

花花兔称赞说："真了不得！怪不得人家说，千年的王八万年的龟。论辈分，我要叫你老老老老老老老爷爷啦！"

酷酷猴问："老乌龟，你知道如何打开这扇门吗？"

"当然知道。"老乌龟慢条斯理地说，"这门上画的不是画，而是一道用古埃及象形文字写的方程题。"

花花兔又吃了一惊："什么？这是一道方程题？"

"咳，咳。"老乌龟先咳嗽两声，"我把这道方程题从左到右读一下，你们好好听着：最左边的三个符号表示未知数、乘法和括号，第四个符号表示$\frac{2}{3}$，第五个符号小鸭子表示加法，第六个符号的上半部分表示$\frac{1}{2}$，下面是加法。”

“嘻嘻，真有意思！快往下说。”花花兔越听越有兴趣。

老乌龟慢吞吞地接着往下说：“第七个符号表示$\frac{1}{7}$，第九个符号上半部有一个小人头，旁边写数字 1，表示全体或者 1，第十、第十一、第十二个符号连在一起表示括号和等号，最右边的是 37。”

花花兔边听边写，老乌龟说完了，她也把方程写出来了：$x(\frac{2}{3}+\frac{1}{2}+\frac{1}{7}+1)=37$。

老乌龟赞许地点点头：“这可是三千多年前的方程！如果你们能把这道方程解出来，把答数写在大门上，大门就会自动打开。不过……”

花花兔追问：“不过什么？”

老乌龟严肃地说：“如果你们把答数算错了，就不要再想走出这座金字塔，你们将和我一样，永远守护在这里。”

花花兔好像明白了什么：“这么说，当初你是解错了方程，才被留在金字塔里的！”

老乌龟笑着说：“聪明的花花兔！”

花花兔有些得意：“酷酷猴的数学特别棒，解这样的小方程根本不在话下！”

酷酷猴瞪花花兔一眼：“不许吹牛！我来解解试试。”

酷酷猴开始解方程：“先把括号里的 4 个数相加，得

$$\frac{97}{42}x=37,$$

$$x=\frac{1554}{97}。”$$

花花兔忙着要把答数写到大门上。

酷酷猴赶紧拦住了她：“慢！解完方程需要检验。要是解错了，咱俩就要在金字塔里待一辈子啦！”花花兔吓得耳朵都耷拉下来了。

酷酷猴开始检验：“把$x=\frac{1554}{97}$代入到方程的左边，计算一下是否等于右边。”

花花兔抢着说：“我来算：

$$左边=\frac{1554}{97}\times(\frac{2}{3}+\frac{1}{2}+\frac{1}{7}+1)=\frac{1554}{97}\times\frac{97}{42}=\frac{1554}{42}=37;$$

右边=37。

左右相等，答数正确。”

花花兔迅速地把答数写在门上，刚一写完，门果然自动打开了。

金字塔与圆周率

酷酷猴和花花兔跨进门，刚想往里走，里面忽然刮起一阵狂风，把他们俩和老乌龟又吹出了金字塔。

酷酷猴大叫：“好大的风啊！”

花花兔说：“是啊，我们都被吹得飞起来啦！”

风一停，三人都坐在了地上，花花兔的头上还蒙着一块布。

花花兔拿下这块布，发现上面写着许多稀奇古怪的字。她愣了一下：“这上面写的字，我一个都不认识。”

“可能又是古埃及的象形文字，只好再请教老乌龟啦！”酷酷猴把布递给老乌龟。

老乌龟看着布上的字，念道：“请你测量出这座金字塔的高，再测出底面正方形的一条边长，计算出比值：

$$\frac{\text{一条边长}+\text{一条边长}}{\text{高}}$$

看看这个比值有什么特点，为什么？答出此问题，可见木乃伊。”

花花兔撇撇三瓣嘴：“不就是木乃伊吗？搞这么玄乎。”

酷酷猴说：“不管怎么说，还是快动手测量吧！”

酷酷猴和花花兔测出金字塔底面正方形的一条边长是230.36米。

“这金字塔的高该怎么测量呢？”酷酷猴望着金字塔发愣，自言自语。

“这还不容易？”花花兔出主意说，“你爬到塔尖上去量量，不就成了吗？”

“对！”酷酷猴爬金字塔是小菜一碟，只见他噌噌几下就到了塔顶。

酷酷猴扔下测量用的绳子，忽然喊道：“哎，不对呀！这样量出来的并不是金字塔的高！”

“对，这是斜着量的，不是金字塔的高。”花花兔也发现不对了，“这可怎么办哪？”

“啊，我有办法啦！”酷酷猴又爬了下来，在金字塔旁边立起一根垂直于地面的木棍。

酷酷猴说：“这根木棍长1米，你测量一下它的影子有多长。”

花花兔量了量（图①），说：“影长是1.1米。”

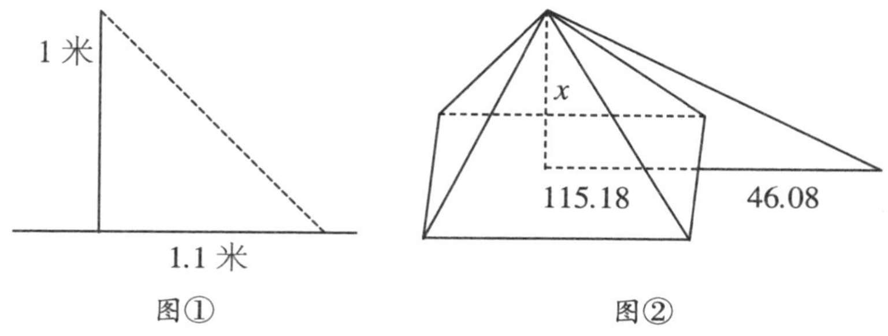

图①　　　　　　　　　　图②

酷酷猴说：“你再测一下金字塔的阴影长。”

花花兔说：“阴影长是 46.08 米。”

酷酷猴先画了一个图（图②），然后说：“金字塔的高和它的影长的比，应该等于木棍的长和它的影长的比。”

花花兔点点头说："我知道，这是利用相似的原理。"

酷酷猴进行计算："这样可以算出金字塔的高了。设高为 x 米，则有：

$$\frac{x}{115.18+46.08}=\frac{1}{1.1},$$

$$\frac{x}{161.26}=\frac{10}{11}, \quad x=146.6 \text{。"}$$

酷酷猴接着说："有了金字塔的高就可以算出它给的比值了：

$$\frac{\text{一条边长}+\text{一条边条}}{\text{高}}=\frac{230.36+230.36}{146.6}$$

$$=\frac{460.72}{146.6}\approx 3.142\text{。"}$$

花花兔皱着眉头问："酷酷猴，你不觉得这个比值有点儿眼熟吗？"

"我想起来了！"酷酷猴说，"3.14 不是圆周率的近似值吗？这金字塔怎么和圆周率扯在一起了呢？"

"我也觉得奇怪。"花花兔问老乌龟，"你知道这其中的道理吗？"

"当然知道。"老乌龟说，"当初修金字塔时，我就在旁边看着呢！修金字塔时，他们用的是轮尺（图③）。轮子在地上滚动一周的距离恰好等于轮子的周长。”

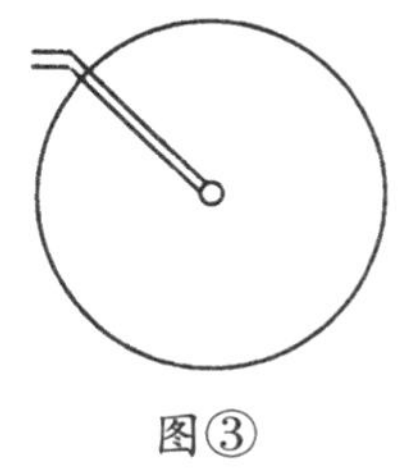

图③

老乌龟怕他们俩听不明白，又画了一个图（图④）进行解释。

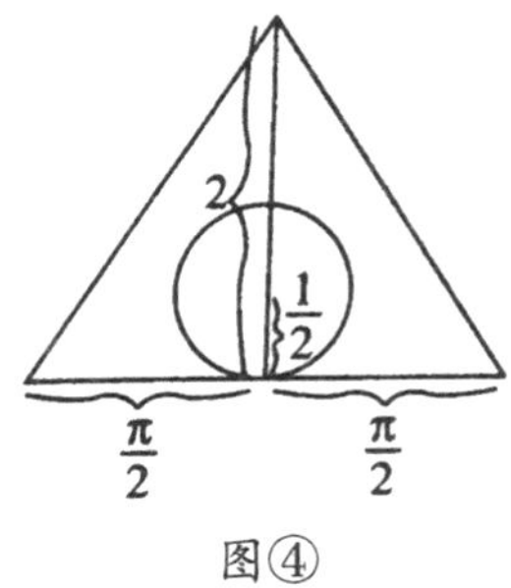

图④

老乌龟说：“修金字塔时，他们先定塔高为 2 个单位长，取高的一半为直径在中心处画一个大圆。这时半径 $r=\frac{1}{2}$，让大圆向两侧各滚动半周，这样就定出金字塔底座一边的长度，它就等于大圆的周长，也就是

$2\times\pi\times r=2\pi\times\frac{1}{2}=\pi$。”

“明白了！明白了！”花花兔挺聪明，“这样就有：

$$\frac{一条边长+一条边长}{高}=\frac{\pi+\pi}{2}=\pi。”$$

“原来是这么个道理，你要不说，我还真想不到！”酷酷猴恍然大悟。

“我再给你们讲个新鲜事儿。”老乌龟知道的事情还真不少，“前几年，英国一家杂志社的主编约翰对金字塔的各部分尺寸进行过仔细的计算，他也发现了金字塔里隐藏着 π。他百思不得其解，最后竟导致自己神经错乱！”

花花兔说：“哈哈，还有这种事？快看，金字塔的门开了！我们快进去吧！”

知识点解析

相似原理

故事中要求测量出金字塔的高，花花兔不能直接量出金字塔的高，酷酷猴用一根长 1 米的木棍，先量出它的影子长度，再测金字塔的阴影长。一般地，两个直立于地面的物体在阳光下的投影，或平行或在同一条直线上，两个物体的平行投影及过物体顶端的投影线，分别与物体本身组成两个直角三角形，这两个三角形相似。利用两个三角形相似，对应边的比值相等，可以算出金字塔的高。

考考你

小明身高 1.88 米，小华身高 1.60 米，他们在同一时刻站在阳光下，小明的影子长为 1.20 米，求小华的影长。（保留 3 个有效数字）

老猫的功劳

酷酷猴和花花兔进金字塔没多久，就从里面跑了出来。

酷酷猴摇着头说："木乃伊可真难看哪！"

花花兔捂着脑袋："真吓死人了！"

酷酷猴想起了自己的使命，赶紧问老乌龟："你知道附近有个叫大怪物的吗？"

"大怪物？"老乌龟摇摇头，"不知道。不过你可以问问老猫，他到处跑，知道的事儿多！"

酷酷猴又问："我们到哪里去找老猫？"

"这个好办！"老乌龟待人真是热情，他扯着嗓子叫道，"老——猫——你在哪儿啊？"

不一会儿，老猫拿着一张纸跑了过来："来了，来了。别跟叫魂儿似的！有什么要紧的事？"

老乌龟说："有人打听大怪物，你知道吗？"

"知道，知道。不过我现在遇到一个难题，没工夫管闲事儿。"

花花兔对老猫说："你只要告诉我们大怪物在哪儿，

我们就可以帮你解决难题。”

“真的？”老猫用怀疑的目光看了花花兔一眼，“不过，一只兔子能比我老猫还聪明？”

花花兔一把拉过酷酷猴：“这里还有酷酷猴呢！酷酷猴的聪明才智可是世界闻名！”

“有只猴子还差不多。”老猫把纸递给酷酷猴，“这是刚发现的古埃及文献，上面记载了我们猫家族的丰功伟绩，可是我看不懂！”

酷酷猴见纸上有一串数字，数字下面画着图。

花花兔见酷酷猴看着纸直发愣，一把抢了过来：“什么难题，我来看看！”

花花兔左看看右看看，摇着头说：“这上面有数又有图，都是些什么乱七八糟的！”

“不，这些图之间是有联系的，它说明了一件事。”酷酷猴在耐心思考。

“一件事？什么事？”老猫来了兴趣。

酷酷猴解释："它的意思是：从前有 7 座房子，每座房子里有 7 只猫，每只猫吃了 7 只老鼠，每只老鼠吃了 7 穗大麦，每穗大麦种子可以长出 7 斗大麦。让你计算一下这些东西的总和是多少。"

"不对呀！你说的都是 7，可是纸上写的有 7×7，$7\times7\times7$，$7\times7\times7\times7$ 啊！"花花兔还是有点儿糊涂。

酷酷猴说："有 7 座房子，每座房子里有 7 只猫，那么猫的总数就是 7×7。而每只猫吃了 7 只老鼠，被吃掉的老鼠总数就是 $7\times7\times7$。"

"傻兔子！这点儿小账都算不清楚。"老猫更看不起花花兔了。

花花兔一听老猫叫她"傻兔子"，立刻气不打一处来："说我傻兔子？我看你才是傻猫呢！这里哪有记载你们猫家族的丰功伟绩了？"

老猫骄傲地说："这上面只写了 $7\times7=49$（只）猫，就吃了 $7\times7\times7=343$（只）老鼠，保护了 $7\times7\times7\times7\times7=16807$（斗）大麦，你要记住我们保住了 16807 斗大麦！这功劳还小吗？"

酷酷猴知道花花兔爱较真儿，赶快出面打圆场，对老猫说："不小，不小！你的难题解决了，该告诉我们大怪物在什么地方了。"

老猫瞪了花花兔一眼："好吧！你们跟我走吧！"

酷酷猴和花花兔告别了老乌龟，跟着老猫走了。

老猫带着他们俩走啊走啊，走了很长的路，来到两座大山前。这两座山几乎靠在了一起，山与山之间只留一道细缝，俗称"一线天"。

老猫说："我们要通过这两座山，必须先通过这个'一线天'。"

花花兔三蹦两跳，抢先向"一线天"跑去。没跑几步，她就掉头回来了："天哪！那……那……那里卧着一只母狼！"花花兔浑身哆嗦着。

母狼见到花花兔，高兴地站了起来："哈哈，我正愁分不过来呢！又来了一只兔子，这就好分了！"说着就朝花花兔扑来。

花花兔吓得大叫："酷酷猴救命！"

酷酷猴勇敢地把花花兔挡在自己的身后，大声说："站住！花花兔是我的朋友，你不能吃她！"

"不能吃？"母狼上下打量了一下酷酷猴，"不吃也行，但你必须帮我把我丈夫留下的肉分清楚，否则我一定要吃兔子肉！"

母狼的烦恼

酷酷猴问母狼："你丈夫留下什么肉？为什么要分？"

"咳，说来话长，往事不堪回首啊！"母狼的眼睛里充满了泪水，"有一次，我丈夫和一头母狮同时发现一只小鹿，两人开始争夺起来。我丈夫虽然体格健壮，但是和体形是他两倍大的母狮争斗，还是吃了亏。"

花花兔急着问："你丈夫怎么啦？"

母狼伤感地说："我丈夫虽然抢得了小鹿，但是身负重伤。他虽然伤势严重，但还是把小鹿拖回了家。到了家，我丈夫已经奄奄一息了。"

母狼停顿了一下，又说："我丈夫向我交代了后事。他说：'我是不行了，你有孕在身，就把这只小鹿留给你和我们未出生的孩子吧。'我问他：'这肉怎么个分法？'"

花花兔插话："对呀！这肉怎样分哪？"

"我丈夫说：'如果生下一只小公狼，你把这只小鹿的$\frac{2}{3}$给他，你留下$\frac{1}{3}$；如果生下一只小母狼，你把小鹿的$\frac{2}{5}$给他，你留下$\frac{3}{5}$。'说完他就死了。"说到这儿，母狼已是泪流满面。

花花兔摇摇头，说："真怪！狼也重男轻女呀！"

酷酷猴说："你就按着你丈夫说的去分呗！"

母狼着急地说："不成啊！我生下的不是一个，而是一儿一女双胞胎，这可怎么分？"说着，两只小狼从洞里爬出，依偎在母狼的身边。

花花兔一皱眉："真添乱！这可没法儿分啦！"

"既然没法儿分，我就把小鹿给我的儿女平分，我吃了你就算了。"说完，母狼两眼冒着凶光，向花花兔逼近。

"慢！"酷酷猴站出来，说，"我有办法分，可以按比例来分。"

母狼停住了脚步："按比例分是怎么分？"

酷酷猴说："按着你丈夫所说，小公狼和你的分配比例是 $\frac{2}{3}:\frac{1}{3}=2:1$；小母狼和你的分配比例是 $\frac{2}{5}:\frac{3}{5}=2:3$。而 $2:1=6:3$，由此可知，小母狼：你：小公狼 $=2:3:6$。"

"知道了这个比例又有什么用？"母狼还是不明白。

酷酷猴解释说："你把小鹿分成 11 份，小母狼拿 2 份，你拿 3 份，小公狼拿 6 份，不就成了吗？"

小公狼听了很高兴："哈哈，我分得的肉比你俩合在

一起还多呀！”说着，撒着欢儿跑了起来。

小母狼在后面追赶着：“分得不公平！你必须分给我一点儿！”

母狼跑在最后：“不要乱跑，留神母狮啊！”

老猫一看机会来了，赶紧说：“母狼走了，咱们快通过一线天！”老猫领着酷酷猴和花花兔快速从一线天穿过。

酷酷猴和老猫边走边聊天。酷酷猴问：“你见过大怪物吗？”

老猫摇摇头说：“没有，我听说大怪物长得又高又大，身上披着黑毛或者棕色毛，力大无穷，抓住一只狼，一撕就能撕成两半，另外还听说大怪物聪明过人呢！”

老猫指着前面的一片大森林说：“大怪物就住在前面的大森林里，你们去找他吧！”

酷酷猴冲老猫鞠了一躬，和老猫道别：“谢谢老猫的帮助。”

酷酷猴和花花兔走进大森林，越往里走，光线越暗。突然，一条大蟒蛇蹿了出来，拦住了他们的去路。

花花兔吓得大叫。

酷酷猴走上前，对大蟒蛇说：“请问，大怪物住在这片森林里吗？”

蟒蛇仰起头，说：“不错，伟大的大怪物就住在里面。不过，我现在非常饿。你们两个商量一下，谁给我当顿午餐，我就放另一个过去。”

“啊，要吃我们当中的一个？”花花兔全身又开始哆嗦了。

酷酷猴自告奋勇地说：“我愿意让你吃，只要你能捉住我。”

花花兔在一旁急得直喊：“酷酷猴，这万万使不得！”

“你来吃呀！你来吃呀！”酷酷猴在前面逗引着，蟒蛇在后面追。

酷酷猴边跑边回头对花花兔说："你快进森林里去找大怪物！"

知识点解析

比例的应用

故事中，公狼想把抢得的小鹿分给母狼和未出世的孩子，但是因为考虑不周，出现了新的情况，母狼觉得很烦恼，不能按公狼的遗愿分配。其实我们可以按比例分配，解决此类问题的方法有两种：

（1）从份数来考虑；

（2）转化成分数问题再解决。

考考你

一杯纯牛奶，小林喝了$\frac{3}{4}$杯后，加满水，又喝了一杯的$\frac{1}{3}$，再倒满水后又喝了$\frac{1}{2}$，小林一共喝了多少杯纯牛奶？

蒙面怪物

酷酷猴在前面跑，蟒蛇在后面穷追不舍。

酷酷猴回头说："我酷酷猴没多少肉，吃了我你也吃不饱！"

蟒蛇喘着粗气："吃了你先垫个底儿，待会儿再吃那只肥兔子！"

忽然，一个头戴面具、全身披着黑毛的高大怪物从树上跳下，挡住了蟒蛇的去路。

怪物大吼一声："大胆的蟒蛇，不许伤害酷酷猴！"

蟒蛇气不打一处来："来个管闲事儿的！我再把你吞了就差不多饱了。"

蟒蛇迅速地缠住了怪物，怪物发怒了："让你尝尝我的厉害！嗨！"只见他双手用力往外一拉，生生地把蟒蛇拉成了两段，然后用力摔在了地上。

酷酷猴冲怪物一抱拳："谢谢这位壮士救了我！你知道大怪物在什么地方吗？"

"跟我来！"怪物冲酷酷猴点点头。

酷酷猴跟着怪物来到一座小山前。

酷酷猴问："你这要带我去哪儿呀？"

一转眼，怪物不见了，酷酷猴正在纳闷儿，山后边传来说话声："这可怎么办哪？"

酷酷猴转过小山，看见花花兔左手拿着圆柱形的木块，右手拿着一把刀，正在发愣。

"是你！"酷酷猴问，"你在发什么愣呢？"

花花兔指着山洞的门说："这山洞有一个门，门上有三个钥匙孔，让拿这个木头块削出一把能打开这三个钥匙孔的钥匙。"

酷酷猴问："开这扇门干什么？"

花花兔往门上一指："你看上面。"

只见门上写着"大怪物之家"几个字。酷酷猴高兴地说："好！我们终于找到大怪物了！"

花花兔把双手一摊："可我们也进不去呀！"

酷酷猴又仔细观察门上的钥匙孔。

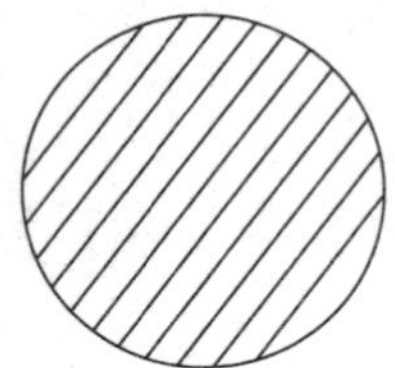 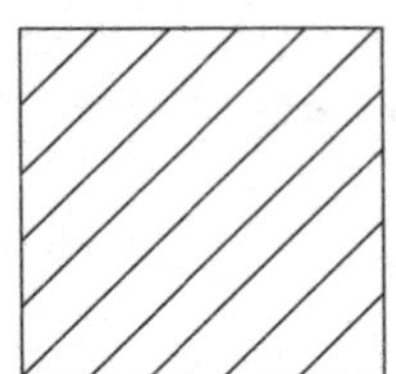 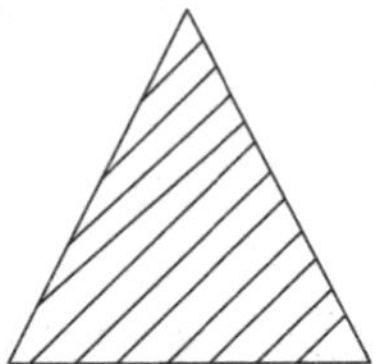

花花兔说："这三个钥匙孔，一个是正方形，一个是圆形，另一个是正三角形。一个破木头疙瘩怎么削也削不出能同时插入这三个钥匙孔的钥匙来呀！"

酷酷猴点点头说："是很难。"他拿着这块木头在钥匙孔上比画着。

酷酷猴自言自语："一把钥匙开三把锁，必须考虑钥匙的正面、侧面和上面三个不同方向才行。"

花花兔没有信心："我看哪，考虑八个方向也白搭！"

"有了！可以这样来削！"酷酷猴忽然灵机一动，他开始用刀削木头。

"你能削出一个什么来？"

酷酷猴削出一把形状十分怪异的钥匙。

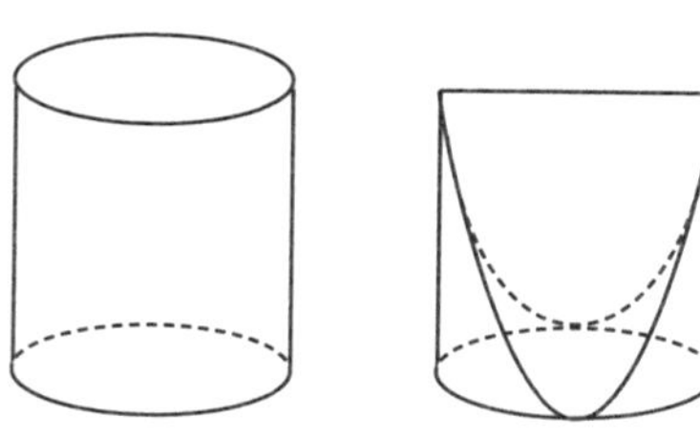

酷酷猴拿着这把特殊的钥匙，说："这个东西叫'尖劈'，如果用手电筒从前往后照，影子是正方形；从右往左照，影子是正三角形；从上往下照，影子是圆形。"

"呀，太好啦！三个都有了。"花花兔高兴得跳了起来。

酷酷猴找准一个方向："这样往里放是开正方形孔。"只听嘎嗒一响。

酷酷猴换了一个方向："这样往里放是开三角形孔。"放进后拧动一下，又是嘎嗒一响。

酷酷猴又换了一个方向："这样往里放是开圆形孔。"伴随着第三次的嘎嗒声，山洞的门打开了。

"门开了！一把钥匙开三个锁，绝了！"花花兔忙往里冲。

洞里非常黑，里面还传出咕咕的怪声。

花花兔赶紧退出来："里面黑极啦！还有怪声！真可怕！"

可是好奇的花花兔又不甘心，不时地探着头往洞里看。突然，一个东西从洞里飞出来。

酷酷猴大叫："留神！"话音未落，一个西瓜正砸在花花兔的脸上。

花花兔被西瓜砸得摔了一个跟头："哎呀！这是什么秘密武器？"

洞里发出一阵欢笑声："哈哈，打中啦！""嘻嘻，真好玩！"

花花兔急了，她站起来，双手叉腰，冲洞里喊："是谁在恶作剧？有本事的出来！"

酷酷猴一哈腰，说了声：“别跟他们废话了，跟我往里冲！”

知识点解析

投影

故事中，门上有三个钥匙孔，其形状分别是正方形、圆形、三角形。如何将一把钥匙同时插入这三个钥匙孔？酷酷猴削出来的钥匙叫“尖劈”，它的三视图就是这三个图形。将人的视线规定为平行投影线，然后正对着物体看过去，将所见物体的轮廓用正投影法绘制出来的图形被称为视图。三视图是观测者从上面、左面、正面三个不同角度观察同一个空间几何体而画出的图形。

考考你

一个立体图形由若干小正方体组成，其俯视图如下图所示，你能画一画这个立体图形吗？（其中的数字表示这个位置的小正方体个数）

	3	1
1	2	

看谁最聪明

酷酷猴和花花兔穿过一个山洞，来到一片大森林，一个大怪物带着两个小怪物在等着他们俩呢。

大怪物说："欢迎酷酷猴和花花兔来我家做客！"

小怪物说："刚才我已经用西瓜欢迎过你们啦！嘻嘻！"

酷酷猴问："大怪物，你找我来干什么？"

大怪物说："外面都传说酷酷猴聪明得不得了！我把你请来，想进行一次智力比赛，看谁最聪明！"说着，大怪物拿出 9 个装有苹果的口袋。

大怪物指着口袋说："这 9 个口袋里分别装着 9 个、12 个、14 个、16 个、18 个、21 个、24 个、25 个、28 个苹果。让我儿子拿走若干袋，再让我女儿拿走若干袋，我儿子拿走的苹果数是我女儿的两倍，最后剩下 1 袋送给你作为见面礼。你能告诉我，送给你的这袋里有多少苹果吗？"说完，两个小怪物开始拿口袋。

两个小怪物分别把 8 袋苹果拿走，剩下了 1 袋苹果。

花花兔说："我想这些怪物没那么好心，准是把苹果数最少的那袋留给了你！你说9个准没错！"

酷酷猴却不这样想："人家救了我的命，又送我苹果，对咱们不错。我要算一下才能知道有多少苹果。"

花花兔把头一歪："这可怎么算？"

"可以这样算。"酷酷猴说，"设他女儿拿走的苹果数为1份，那么他儿子拿走的苹果数就是2份，加在一起是3份。"

"是3份又怎么啦？"花花兔不明白。

酷酷猴解释："这说明他们俩拿走的苹果总数一定是3的倍数。"

花花兔点点头说："这个我懂。"

酷酷猴说："你把9袋的苹果数加起来，再除以3，看看余数是多少？"

"这个我会算。"花花兔在地上计算：

$$9+12+14+16+18+21+24+25+28=167$$

$$167 \div 3=55\cdots\cdots 2$$

花花兔说："余2。"

酷酷猴又让花花兔继续算："你再算一下，这9个数中哪个数被 3 除余 2？”

“这个简单。”花花兔说，“我心算就成！9，12，18，21，24 都可以被 3 整除；16，25，28 被 3 除余 1；只有 14 被 3 除余 2。”

酷酷猴果断地说：“送给我的这袋苹果有 14 个！”

花花兔赶紧把苹果倒在地上，开始数：“1 个、2 个……14 个。一个不多，一个不少，正好是 14 个！”

“神啦！”两个小怪物听得两眼发直。

大怪物也连连点头：“果然够神的！你来说说其中的道理。”

“道理很简单。”酷酷猴说，“你儿子和女儿拿走的苹果数可以被 3 整除，但是总数被 3 除余 2，这个余数 2 显然是最后留下的 1 袋苹果造成的，所以剩下的 1 袋苹果数应该被 3 除余 2。”

“有道理！”大怪物说，“该你出题考我了。”

酷酷猴没说话，先在地上写出一串数：1，2，3，2，3，4，3，4，5，4，5，6……酷酷猴说：“你看我写的这串数，让你在 30 秒钟之内把它的第 100 个数写出来。”

大怪物一听只有 30 秒的时间，赶紧让他的儿女轮着往下写：“孩儿们，你们俩一人写一个，拼命往下写！”

“得令！”两个小怪物答应一声，就拼命地写起来。

儿子刚说："第48个。"

女儿就接着说："第49个。"

刚数到第49个，酷酷猴下令："停！30秒钟已到。"

儿子摇摇头："哎呀，写这么快，还没写到一半！"

大怪物一脸怀疑："酷酷猴，你来写写看。我就不信你在30秒钟之内能写出来！"

酷酷猴冲大怪物做了一个鬼脸："傻子才一个一个地写呢！"

"不傻应该怎样写？"大怪物有点儿动气。

酷酷猴不慌不忙地说："根据这串数的规律，每3个数加一个括号：（1，2，3），（2，3，4），（3，4，5），（4，5，6）……每个括号中的第一个数就是按1，2，3，4排列的，第100个数应该是第34个括号中的第一个数，必然是34。"

两个小怪物一同竖起大拇指："还是酷酷猴聪明！"

大怪物却大叫一声："我不服！"

露出真面目

大怪物说："算个数，乃是雕虫小技！咱们来点儿真的，你敢吗？"

"你说说看。"酷酷猴艺高人胆大，并不在乎大怪物的挑战。

大怪物略显神秘地说："北边有一群恶狼，共有 99 只，为首的是一只黑狼，这群狼凶残而好斗。咱俩到那儿去玩玩？"

酷酷猴问："怎么个玩法？"

大怪物说："咱俩分别到狼群前去叫阵，每次可以叫出 1 到 3 只狼，然后和它们搏斗。黑狼肯定是最后一个出来，谁能把黑狼斗败，就算谁胜利！"

酷酷猴点点头说："可以。"

"不可以！"花花兔急了，"大怪物长得又高又大，你却又小又瘦，别说出来 3 只狼，就是 1 只狼，你也对付不了，你是白白送死呀！"

酷酷猴冲花花兔狡猾地一乐："不要着急，我自有办法。”

酷酷猴转身对大怪物说：“这里有一个重要问题，由于每次最少叫出 1 只狼，最多叫出 3 只狼，你必须赶上有黑狼在的那一拨，否则黑狼就归对方来治了。”

大怪物点点头说：“你说得不错！那么谁先去叫阵？”

“当然是我啦！”酷酷猴挺身向前，“你要跟在我的后面。花花兔，你来报告出阵的恶狼数目。”

“呜呜——”花花兔开始哭了，“这次酷酷猴肯定没命啦！呜呜……”

酷酷猴安慰说：“别哭，没事儿！”

酷酷猴、花花兔和大怪物向北边走去。走了一段路，走进了一片树林，大怪物说：“到了！”

酷酷猴开始叫阵：“怕死的恶狼，今天猴爷爷来收拾你们了，快让 3 只恶狼出来受死！”

大怪物点点头：“嘿，口气还挺狂！”

呼的一声，三只狼从对面蹿出。

花花兔开始报数：“出来了 3 只狼！”

为首的一只狼目露凶光：“这只小猴子活腻了！嗷——”直奔酷酷猴扑去。

酷酷猴并不着慌，他拉住树枝，喊了一声“起”，身子腾空而起，让过了狼群。结果三只狼直奔大怪物冲去。

大怪物立刻慌了神："啊，不好！"他奋起反击："让你们尝尝我的厉害！嗨！嗨！"大怪物拳打脚踢，抵挡狼的进攻。

为首的狼头上挨了重重的一拳，大叫一声，倒在地上死了。剩下的两只狼一看领头的死了，转身就往回跑。

大怪物大吼一声："哪里跑！"大步追了上去，一手抓住一只狼，狠命地往一起一撞，只听嗷的一声，这两只狼也命归西天了。

"打得好！"酷酷猴蹲在树上对大怪物说，"嘿，该你叫阵了！"

大怪物自言自语："我刚打了 3 只狼够累的！这次我只叫出 1 只来。"

大怪物在阵前叫阵："给我滚出 1 只恶狼来！"

花花兔数道："第 4 只狼出来了。"

没几下，大怪物就把第四只狼打伤，打跑了。

酷酷猴从树上下来，又开始叫阵："再出来 3 只恶狼受死！"

花花兔数着："第 5、6、7 只狼出来了。"

酷酷猴照方抓药，喊一声："起！"又腾空而起，还是大怪物迎战这三只恶狼。

大怪物边打边喊："嘿，怎么回事？这狼全归我来打了？嗨！嗨！”

酷酷猴在树上笑得前仰后合：“哈哈，这叫作‘能者多劳’啊！”

……

这时，花花兔郑重宣布：“98 只恶狼已经被打死，最后一只黑狼归酷酷猴叫阵。”

大怪物吃惊地说：“啊？前面的98只狼都是我打死的，最后的黑狼却归了他啦！”

大怪物心里想：这次我躲起来，看你酷酷猴怎么对付这只最凶狠的大黑狼！大怪物躲在树后看热闹。

只见酷酷猴找来一条绳子，用绳子的一端做了一个绳套，另一端绕过树杈让花花兔拉住。酷酷猴站在绳套前，正好把绳套挡住。

酷酷猴大声喊道：“黑狼，快快出来受死！”

只听嗷的一声，黑狼冲了出来，眼看就要扑到酷酷猴了，酷酷猴抓住树枝噌的一下蹿上了树，黑狼一头钻进了酷酷猴预先放好的绳套里。

黑狼此时才知道上当了：“呀——坏了！进套啦！”

“黑狼完喽！”花花兔用力一拉绳子，把黑狼吊在了树上。

大怪物从树后走出来，问酷酷猴：“黑狼为什么让你

碰上了？”

“规律。”酷酷猴解释，“要掌握规律。你想抢到99，必须抢到 $4m-1$ 形式的数。我先报出1，2，3，你报了4，我必须再要3只，到5，6，7，因为 $7=4\times2-1$，7是属于这种形式的数。我每次都这样选，99就一定归我。”

酷酷猴趁大怪物听得入神，一把拿掉大怪物的面具：“嘿，你给我露出真面目吧！”

花花兔惊叫：“原来神秘的大怪物是黑猩猩！”

“不，不。”大怪物连忙解释，“我们不是黑猩猩，是大猩猩。”

花花兔问：“大猩猩和黑猩猩有什么不同？”

大猩猩说：“我们大猩猩是猩猩中个头最大的，身高可以达到 1.8 米，体重可以接近 300 千克。我们吃素，老年雄猩猩背部长出白毛，被称为银背，我们的毛发是灰黑色。而黑猩猩比我们小多了，他们的毛发是黑色的，动植物全吃，是杂食动物。你们和黑猩猩成为朋友，愿意不愿意和我们大猩猩也成为朋友？”

花花兔拉着大猩猩的手：“谁会不愿意和最大的猩猩交朋友呢？”

答案

黑猩猩来信

小王和小张一组；小明和小华一组；小红和小李一组。

山中的鬼怪

螃蟹有10只，蜻蜓有6只，蝉有4只。

毒蛇挡道

奇数名。奇数＋偶数＝奇数。

鳄鱼搬蛋

165根。

追逐比赛

100×（1＋20%）×（1+20%）－100＝144－100＝44（千瓦时）

独眼雄狮有请

5.5小时。

寻求援兵

先将油倒满9斤的容器（此时三个容器中油的升数分别为3，9，0），再把9斤容器中的油倒满5斤容器（此时三个容器中油的升数分别为3，4，5），最后将5斤容器中的油全部倒入12斤容器中（此时三个容器中油的升数分别为8，4，0）。

最后决斗

23人。

雄狮争地

数	我	数	学
学	我	爱	爱
爱	数	学	数
爱	我	学	我

母狼的烦恼

$\frac{11}{12}$杯。

蒙面怪物

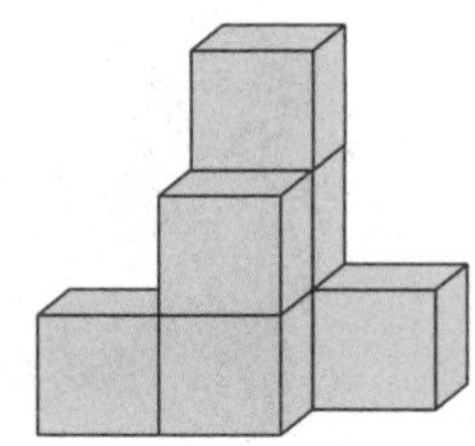

金字塔与圆周率

解：设小华的影长为x米

$$\frac{1.88}{1.20}=\frac{1.60}{x}$$

$$x\approx1.02$$

答：小华的影长为1.02米。

数学知识对照表

书中故事	知识点	难度	教材学段	思维方法
黑猩猩来信	合理推理	★★★★	四年级	图表法
山中的鬼怪	鸡兔同笼问题	★★★★	四年级	假设法、方程法
毒蛇挡道	奇数与偶数的性质	★★★★	五年级	质数与合数、奇数与偶数知识的综合运用
雄狮争地	图形的切拼	★★★★	五年级	找准突破口
追逐比赛	分数解决问题	★★★★	六年级	找准数量关系
独眼雄狮有请	相遇问题	★★★★	四年级	数量关系的灵活利用
寻求援兵	分油问题	★★★★	五年级	每次需要倒空或倒满
最后决斗	鸽巢原理	★★★★★	六年级	第一抽屉原理
鳄鱼搬蛋	找规律	★★★★	六年级	化繁为简，找到规律
金字塔与圆周率	相似原理	★★★★★	六年级	找到相似比
母狼的烦恼	比例的应用	★★★★	六年级	比例的性质
蒙面怪物	投影	★★★★	五年级	三视图